蝴蝶胸针(第2章)

贵妇人帽子(第3章)

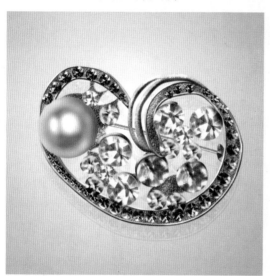

珍珠别针(第2章)

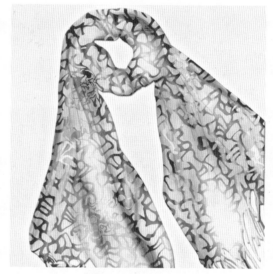

长条纱巾(第3章)

蜻蜓胸针(第2章)

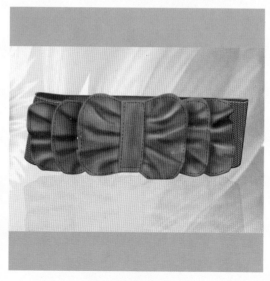

淑女腰带(第3章)

纤巧玲珑女裙(第4章)

动感套装(第4章)

春季摆裙(第5章)

西方古典纱裙(第4章)

无袖小衫短裙(第5章)

飘逸长纱裙(第5章)

性感吊带背心(第5章)

淑女裙(第5章)

背带短裤(第5章)

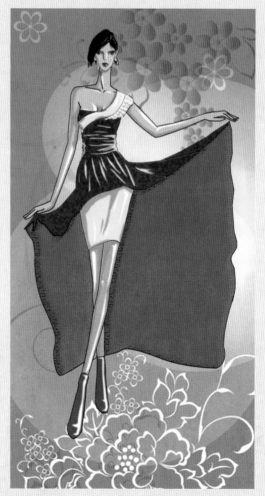

高贵礼裙(第5章)

公主裙(第6章)

儿童牛仔套装(第6章)

时尚套裙(第6章)

学生装(第6章)

乖巧女童装(第6章)

男士休闲服（第 7 章）

男士运动装（第 7 章）

男士大衣（第 7 章）

男士牛仔服（第 7 章）

大摆连衣裙(第8章)

太阳裙(第8章)

舞台装(第8章)

女花裙(第8章)

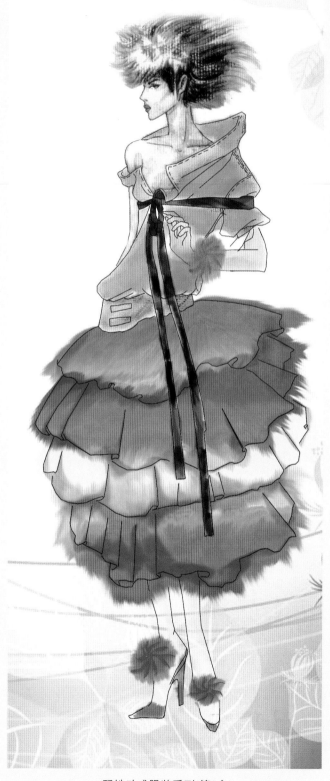

野性动感服装系列(第9章)

光盘说明 ⬇

将随书附赠DVD光盘放入光驱中，几秒钟后在桌面上双击"我的电脑"图标，在打开的窗口中右击光盘所在的盘符，在弹出的快捷菜单中选择"打开"命令，即可进入光盘内容界面。

光盘中的文件夹和文件

视频　　素材　　效果　　readme.txt

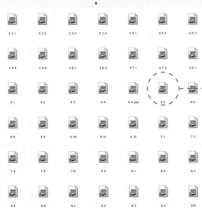

书中所有案例的最终源文件

精美案例效果

"素材"文件夹中提供了书中所有案例用到的素材文件。

"视频"文件夹中提供了书中所有案例的视频讲解教程，共计57段，讲解时间长达600分钟，可以使用任何播放器播放。

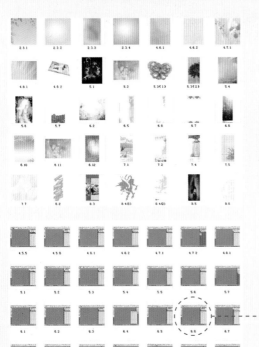

书中所有案例的视频文件

视频教学界面

Photoshop

服装设计表现技法完全剖析

徐丽 / 编著

清华大学出版社

北 京

内 容 简 介

本书是一部关于Photoshop绘制现代服装效果图的专著。以电脑手绘为主，通过Photoshop全面深入地讲解了服装与配饰的绘制方法和创作技巧。

全书分为9章，内容包括服装设计概述、服装设计与Photoshop、服装的局部表现技法、服装的综合表现技法、服装的特殊表现技法、童装表现技法、男装表现技法、服装的风格与组合表现技法、服装表现技法综合实战。

本书附赠1张DVD光盘，内容包括书中所有案例用到的素材、最终效果源文件以及视频教学文件，以方便读者参考和练习。

本书可以作为服装设计、电脑美术设计人员以及广大服装设计爱好者的指导用书，也可作为艺术院校服装设计和平面设计专业师生及社会相关领域培训班的教材。

图书在版编目（CIP）数据

名流——Photoshop服装设计表现技法完全剖析/徐丽 编著. —北京：清华大学出版社，2012.5
ISBN 978-7-302-28607-3

Ⅰ.①名… Ⅱ.①徐… Ⅲ.①服装—计算机辅助设计—图象处理软件，Photoshop Ⅳ.①TS941.26

中国版本图书馆CIP数据核字(2012)第072325号

责任编辑：李 磊
责任校对：蔡 娟
责任印制：王静怡

出版发行：清华大学出版社
  网 址： http://www.tup.com.cn，http://www.wqbook.com
  地 址： 北京清华大学学研大厦 A 座   **邮 编：** 100084
  社 总 机： 010-62770175   **邮 购：** 010-62786544
  投稿与读者服务： 010-62776969，c-service@tup.tsinghua.edu.cn
  质 量 反 馈： 010-62772015，zhiliang@tup.tsinghua.edu.cn
印 刷 者： 北京鑫丰华彩印有限公司
装 订 者： 三河市溧源装订厂
经 销： 全国新华书店
开 本： 210mm×285mm **印 张：** 20 **插 页：** 4 **字 数：** 618 千字
   （附 DVD 光盘 1 张）
版 次： 2012 年 5 月第 1 版   **印 次：** 2012 年 5 月第 1 次印刷
印 数： 1～4000
定 价： 79.00 元

产品编号：044266-01

前 言
PREFACE

　　本书是一部关于Photoshop绘制现代服装效果图的专著。作者结合自身多年的实际工作经验，通过大量的实例深入浅出、循序渐进地讲解了服装服饰的各种绘制技法。

　　服装画是以服装为表现主体，展示人体着装后的效果和气氛，并具有一定艺术性、工艺技术性的一种特殊形式的画种。服装画是一门艺术，它是服装设计的专业基础之一，是衔接服装设计师与工艺师、消费者的桥梁。

　　服装效果图是对服装设计产品较为具体的预视，它将所设计的服装，按照设计构思形象、生动、真实地绘制出来。人们通常所指的"服装效果图"便是这种类型的服装画。准确地说，"服装效果图"是服装画分类中的一种。与服装效果图相比，服装画的内涵更大、内容更丰富，它包括服装画的多种形式，它们之间因所绘制的目的不同而有所区别。

　　本书以电脑手绘为主，通过Photoshop全面深入地讲解了服装与配饰的绘制方法和创作技巧，本书涉及的范围比较广泛，囊括了服装的所有行业和各个年龄段，同时涉及不同风格、不同质地的服装表现，可堪称服装设计的技法大全。书中着重Photoshop各种工具的使用，同时结合各种图形特效命令，绘制各种服装款式和服装饰品效果。

　　全书分为9章，第1章讲解了服装设计的基础知识；第2章讲解了服装设计与Photoshop的绘画知识，通过丰富的案例深入讲解了工具的具体使用方法和技巧；第3章讲解了服装的8大类局部表现技法，内容涉及衣领、衣袖、裤角、面料、围巾、帽子、腰带等；第4章讲解了服装的综合表现技法，内容涉及水墨彩色技法、水彩色技法、透明水色技法、水粉色技法、麦克笔技法、色粉笔技法、油画棒技法、彩色铅笔技法8大类；第5章讲解了服装的特殊表现技法，内容涉及剪纸法、拼贴法、色纸法、皱纸法、刻划法、搓擦法、喷绘法、平涂法、块面法、拓印法、吹画法、冲洗法12大类；第6章通过7个案例讲解了童装的表现技法；第7章通过6个案例讲解了男装的表现技法；第8章讲解了服装的风格与组合表现，内容涉及写实、写意、省略、夸张、装饰5种风格；第9章讲解了3个服装设计的综合商业实战。本书实例创意新颖，步骤清晰，内容详尽，理论与实践相辅相成。

　　本书附赠1张DVD光盘，内容包括书中所有案例用到的素材、最终效果源文件以及视频教学文件，以方便读者参考和练习。其中600分钟的视频教学，建议读者书盘配合进行学习，可以达到事半功倍的效果，避免给学习增加难度。

　　本书可以作为服装设计、电脑美术设计人员以及广大服装设计爱好者的指导用书，也可作为艺术院校服装设计和平面设计专业师生及社会相关领域培训班的教材。

　　本书由徐丽编著，参与本书的工作人员还有刘茜、张丹、徐杨、王静、李雪梅、刘海洋、李艳严、于丽丽、李立敏、裴文贺、霍静、骆晶、刘俊红、付宁、方乙晴、陈朗朗、杜弯弯、谷春霞、金海燕、李飞飞、李海英、李雅男、李之龙、梁爽、孙宏、王红岩、王艳、徐吉阳、于蕾、于淑娟和徐影等，在此表示感谢。

　　由于时间仓促，书中难免有错误和疏漏之处，敬请广大读者朋友批评指正。在工作和学习中有什么疑问，可发信至E-mail: skyxuli888@sina.com联系。

编者

2012.5

目录
CONTENTS

名流

Photoshop 服装设计表现技法完全剖析

第1章

服装设计概述

1.1 | 时装画概述

1.1.1 时装画的概念

　　时装画是将服装设计构思以写实或夸张手法表达出来的一种绘画形式。线条、造型、色彩、光线和面料肌理是时装画的基本要素。其种类因消费目标和绘画工具的不同而千变万化，有水彩、水粉、钢笔、铅笔、剪纸和计算机绘制等。时装画是表达服装设计构思的重要手段，是传递时尚信息的一种媒介，其对服装审美有积极的推动作用。在当今社会，时装画既有艺术价值，又有实用价值，如图1-1所示。

图1-1　时装画

1. 时装效果图

时装效果图（fashion sketch）是指用以表现时装设计构思的概略性的、快速的绘画，通常着力表现时装的结构，如图1-2所示。时装效果图旁一般附有面料小样和具体的细节说明，是设计师在时装创作的过程中灵感的捕捉。Skecth是草图的意思，这就是说时装效果图未必需要非常细致的刻画，但一些需要特别交代的结构细节，或整套服装的设计要点必须在时装效果图中表达得非常清楚。时装效果图不仅需要表达出服装的款式、颜色、材料质感，更要表现出服装的功能、环境、特殊工艺、流行趋势、市场定位等诸多商业因素，因此时装效果图比起其他几种时装画更能体现服装的商业价值。

图1-2 时装效果图

服装设计概述

2．流行时装画

流行时装画（popullar fashion illustration）常见于时装拓展机构的流行发布读物中，它并不是可以直接用于服装生产的时装画，而是按一定的流行趋势，一般在每季到来之前半年的时间，由一些权威性机构或组织根据时装发展的趋势策划出来的流行发布，如图1-3所示。每季的流行时装画都会推出不同的主题，并反映在色彩、款式、面料这三大要素上，将流行时尚的信息与概念用夸张的手法表现出来。如国际羊毛局、中国纺织信息中心等机构，每季都会通过报纸、杂志进行流行发布。

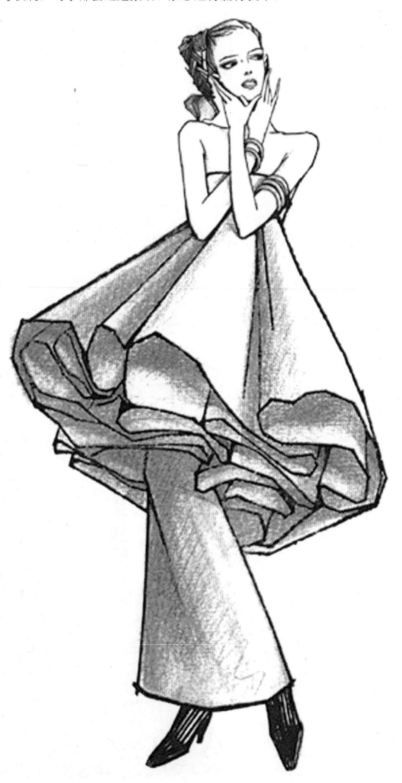

图1-3　流行时装画

3．时装插画

　　时装插画（fashion illustration）是一种根据文章内容或编辑风格的需要、用于活跃版面视觉效果的时装画插图形式。它可以不具体表现时装款式、色彩、面料的细节，只希望画面能吸引读者，多配在时装报纸或杂志中，也常用于时装海报、POP广告、产品样本中。时装插画以简洁夸张的形式、富有魅力的形象引人注目，以达到加强视觉印象的目的，如图1-4所示。

图1-4　流行时装插画

服装设计概述

第1章

1.2 | 服装设计与时装画

许多服装设计的人认为，时装画是一种"版术"，只不过将服装"套"在几个概念化的人体模特上。于是硬背下来几个人体动态，将服装从平面图移到人体动态模特上，以为这便是所谓的时装画了。其实这样的理解是片面的，真正意义的时装画需要从造型的根本问题入手，其中包含了大量的形象思维和创造性，如图1-5所示。

图1-5　将时尚的元素艺术性地传达给读者或消费者的时装画

时装效果图是服装设计的第一步。良好的时装设计效果图是准确有效地进行打板和制作的关键。它将设计师的构思完整形象地展示出来，在服装与人体的关系上给人以直观的效果，是设计语言的形象化表达。国内外的服装设计比赛通常要求参赛的服装设计师先通过画出时装画表达出设计理念和构思，经筛选入围后再做成样衣。设计师作品入围与否，在很大程度上就取决于其时装画表达的优劣。时装画家萧本龙曾说："学画时装画不仅能学到一种本领，更能在学习过程中使审美能力提高。"设计师不仅在工作中需要不断记录形象资料，勾画造图，同时在这些不经意的笔触中领悟到一种审美情趣。这是服装设计的组成部分，一种表现方法。

服装设计随着服装产业的不断发展与完善越来越受到社会的关注与重视。服装产业和消费观念不断变化，生产类型向小批量、多品种、短周期模式发展，消费者品味也越来越高，服装设计水平直接影响着购买心理。为在激烈的市场竞争中立于不败之地，服装设计就要迎合消费者的需求，符合流行的发展趋势，不断推出新的设计作品，如图1-6所示。在这个意义上，时装画担负着重要作用，它将更准确、更有效地促进服装生产的发展，推动服装业的不断繁荣。

图1-6　符合流行趋势的时装画

1.3 | 服装设计师与时装画

时装画是服装设计师知识结构的一部分。对服装设计师来讲，时装画的设计功能如下。

● 表达设计结构，体现设计效果；

● 培养审美能力，提高鉴赏力；

● 表现设计师的风格和个性，如图1-7所示。

图1-7　个性的时装画

如果一个从事服装设计的人员不懂时装画，他的工作则无从下手。服装设计是一项有一定压力而且追求高效率、高质量的工作，所以服装设计师必须熟练地掌握时装画的绘制，能得心应手地表达出自己的设计构想。服装设计师应该经过良好正规的专业学习和训练，并具有深厚的设计艺术底蕴。设计大师们的时装画有的是设计草稿，有的是每季推出的新的款式图，有的是融入个人艺术风格的时装艺术画，但是无论什么时装画，其中都渗透着设计师们的创作精神与服装的艺术感染力。设计师能触及到的艺术高度必然在他的时装画中表露无疑，这也成为了现代设计师们越来越重视的本领。

时装画在某种意义上代表着设计师的创意特征和个人风格。在世界时装舞台上，一些著名的服装设计师非常善于运用时装画来传递自己的设计风格。虽然他们不一定是时装画家，但其作品一定传神、生动。

20世纪初巴黎设计师波华亥与时装画家成功的合作，使设计师们越来越看中这种本领。卡尔•拉格菲尔是当今最具领导时尚能力的设计师之一，其独具的创造力在1986年出版的个人时装画专集中就充分地体现出来。他的作品大部分是写生作品，有毛笔勾勒、钢笔线条刻画和彩笔的挥洒，其生动的笔触与大胆的设色颇具专业画家水平。

服装设计大师们的时装画不仅仅是设计图稿，有的纯粹是为了在每季推出新款的同时，以最快的、简洁的方式将其展现于世，表现了一种时尚设计理念和精神，有着摄影手法不可替代的效果。通过设计师的手笔，人们可以看出时装画不可避免地嵌入了设计师的设计理念和审美个性，拉近了设计师与顾客间的距离，同时也成了设计师品牌的标记。

1.4 | 精品服装经典赏析

黄色是明亮且带点甜蜜感觉的颜色，黄色本身拥有明朗愉快的特征，与蓝色色系的组合，可以得到温暖、积极的效果，也迎合了潮流的发展，创作出了生动的审美视觉，如图1-8所示。

图1-8 典型的黄色系时装画

服装设计概述

第1章

9

名流 Photoshop 服装设计表现技法完全剖析

神秘的紫色长裙，简单利落的棕色上衣，最能展现休闲感，再加上简单的同色系小挎包，整体看起来更加年轻、时尚且具有活力感，如图1-9所示。

纯黑色的风衣经典的风格，加上长靴打造干练女性，整体表现恬静的优雅和柔美。统一的黑色系添加了一些神秘感，也透出优雅大方的味道，如图1-10所示。

图1-9　紫色长裙

图1-10　黑色经典风格风衣

第 2 章

服装设计与Photoshop

2.1 | 服装设计的应用软件及工具

现代电脑技术的发展可谓日新月异，同时它正以前所未有的态势渗透到了人们日常工作与生活的各个领域，从而影响和改变着人们的生产方式与生活方式。就目前服装领域的技术层面，如在制板、拼板、推板、裁片、机绣等某些环节里，电脑辅助制作正在替代手工及半自动化制作，从而使服装制作避免了人为的误差，使之更趋向完美、规范与统一，如图2-1所示。

名流 Photoshop 服装设计表现技法完全剖析

图2-1 电脑绘制的时装

然而在服装设计领域里，电脑辅助设计的影响与推进则相对来说比较缓慢，甚至可以说其电脑辅助设计的整体水平明显滞后于服装的生产领域以及其他相关的设计艺术门类。这是由于我国目前服装设计院系的"时装画技法"课程仍然停留在传统的教学模式中，还将其看成是某种绘画表现技法的延伸和体现，因而在主观上忽略了"电脑"这种新的表现形式的存在。另外由于业内许多设计师过分渲染时装画的表现个性及其艺术上的风格化，使得人们对电脑时装画能否准确地表达设计师的灵感及风格仍然持保留与怀疑的态度。

在这个年代，优秀的时装画家不仅需要有手绘时装画的艺术个性和魅力，还需要掌握不同电脑设计绘图软件的应用。

1．Photoshop

Photoshop是美国Adobe公司出品的一款性能卓越的图像处理与编辑软件。它能方便地进行图像、色彩和形状的选定、编辑、复制、剪切和拼贴等工作，从而使服装设计师能对所获得的图像资料（如时装表演、时装展示图片等），进行理想化的修改与调整，同时也能对某些图像进行"为我所用"的处理，如将某些图片中的服装款式、面料、色彩、配饰等进行更换或调整，可以达到不露痕迹的逼真效果。

Photoshop的另一个强大的功能在于其"过滤器"（也称滤境）。任何形式的图形与图像一经滤境处理，便会生成意想不到的视觉效果。同时，Photoshop其他的功能模块，如路径、通道、蒙版及图层等工具，也能进一步地对图形图像进行加工，从而使服装设计师的效果图显现出某种个性化的趋向。

Photoshop同时也是一个重要的输入平台，它可以接入扫描仪、Photo CDs以及数码相机等外置设备。服装设计师的许多重要的作品与资料可以通过这个平台进行输入与整理，并利用Photoshop工具进行加工。

2．CorelDRAW

CorelDRAW是一个功能齐全的图形处理软件。它有着其他平面设计软件无法替代的功能，其特点主要集中在图形的绘制、处理与修整功能上。它既可对服装设计师的任何矢量图形的设计作品进行进一步的处理与加工，也可以生成矢量图形的时装效果图。同时，利用这个软件也可以进行服饰图案的设计。目前的CorelDRAW集成了Photoshop的功能，从而使其系统更为庞大且功能更为齐全。另外CorelDRAW的最大优点在于其极为便利的操作性，其界面风格以及菜单设置非常适合服装设计人员的操作，且易学、易会、易用，可以说它是一个非常实用又容易上手的软件。使用该软件绘制的时装画的效果如图2-2所示。

图2-2　使用CorelDRAW绘制的时装画

3. Painter

Painter又称"自然笔",是电脑图形软件中非常优秀的软件之一。其非凡的作图功能、庞大的绘图工具箱、眼花缭乱的变形、着色效果和滤镜效果使其作品极富艺术创造力和感染力。因此该软件深得艺术家们的青睐。对于服装设计师来说,该软件可能使自己的设计作品具有乱真的手绘艺术效果。首先,该软件配备了众多的纸张效果,设计师可根据自己的喜好选择任何一种自己感兴趣的绘图纸;其次,在绘图工具中画笔的种类非常繁多(如钢笔、铅笔、粉笔、蜡笔、炭笔等,也可以自定义任何画笔);再次,其强大的笔刷、蒙版、图层及滤镜功能可以生成任何一种绘画工具的视觉效果与肌理,从而使其具备了产生我们可以想象得到的以及难以想象的绘画表现效果。使用该软件绘制的时装画的效果如图2-3所示。

图2-3 使用Painter绘制的时装画

然而,作为一款绘图软件,Painter并不是完美无缺的。其最大的不足在于图形的生成与输入不能做到随心所欲,它要通过鼠标的移动以及屏幕的捕捉来生成图形,这就将设计师的艺术表现过程大大地复杂化了,同时烦琐的移动与修改也使得设计师的创作冲动被淡化,只剩下恼人的技术操作——这正是许多服装设计师远离电脑的原因。那么有没有一种设备可以使服装师无拘无束地表现自己的创作灵感呢?它就是我们将要介绍的"大恒笔"。

4．大恒笔

　　实际上大恒笔是一种写字绘图板工具，是一种新型的电脑外置输入设备，它可以替代传统的电脑输入设备，如鼠标、键盘等。如同画家的作画工具一样，它也分为两个主要部分——手写笔和手写板。大恒笔最优异的特点在于它的双头超级压感笔，它具有神奇的压感感应功能。当设计师用这种笔在特制的写字板上作图时，只需改变手上的压力就可轻松得到粗细浓淡变化无穷的线条，也可选择诸如喷笔、蜡笔、毛笔、绘图笔、粉笔、麦克笔等不同笔触和肌理效果的绘图工具。在笔的另一端还附带有压感橡皮擦，可以很便捷地完成修正、擦除、淡化及其他特殊效果。拥有如此便捷的输入工具，不仅可以使服装设计师找回手绘时装效果图的感觉，同时也可获得某些意想不到的效果，从而给设计师的创作增添某种特殊的企盼与乐趣。使用该工具绘制的时装画效果如图2-4所示。

图2-4　使用大恒笔绘制的时装画

　　当然，经过大恒笔输入的仅是对象的轮廓图形，想要获得视觉效果还需要服装设计师运用其他相关的图形图像软件对其进行处理。大恒笔的设计者充分考虑到了设计师的这一需求，使得大恒笔可以全面支持如Painter、Photoshop等图形图像处理软件，从而达到一种美轮美奂的艺术效果。

2.2 | Photoshop工具在服装设计中的应用

2.2.1 工具箱的认识

Photoshop工具箱提供了图像绘制和编辑的各个工具，应用工具箱中的各个工具可以制作出各种不同的图像效果。新版本的Photoshop软件在工具箱上有了更大的改进，提供了更为丰富的工具，如表2-1所示。

表2-1　Photoshop工具箱中的工具

工具	说明
选框工具组	该工具组包括"矩形选框工具"、"椭圆选框工具"、"单行选框工具"和"单列选框工具"4个，可应用这些工具快速创建矩形、椭圆形、单行或单列选区
套索工具组	该工具组包括"套索工具"、"多边形套索工具"和"磁性套索工具"，可应用这些工具快速创建曲线、多边形或不规则形态的选区
裁剪工具组	该工具组包括"裁剪工具"、"切片工具"和"切片选择工具"。在数码照片的编辑中，可应用"裁剪工具"对图像进行裁剪和调整。在制作网页时，可应用"切片工具"和"切片选择工具"切割和设置图像
修复工具组	该工具组包括"污点修复画笔工具"、"修复画笔工具"、"修补工具"和"红眼工具"，可应用这些工具修复原素材图像中的污点、瑕疵或消除红眼状态
图章工具组	该工具组包括"仿制图章工具"和"图案图章工具"，可应用这些工具复制画面中的特定图像，并将其粘贴到其他位置
橡皮擦工具组	该工具组包括"橡皮擦工具"、"背景橡皮擦工具"和"魔术橡皮擦工具"，可应用这些工具擦除画面中的指定图像
模糊工具组	该工具组包括"模糊工具"、"锐化工具"和"涂抹工具"，可应用这些工具对图像进行局部模糊或鲜明化处理
钢笔工具组	该工具组包括"钢笔工具"、"自由钢笔工具"、"添加锚点工具"、"删除锚点工具"和"转换点工具"，可应用这些工具绘制和设置路径
选择工具组	该工具组包括"路径选择工具"和"直接选择工具"，可应用这些工具选择或调整路径或形状
抓手和旋转工具	该工具组包括"抓手工具"和"旋转视图工具"，可应用这些工具快速查看图像中的特定区域或对图像进行旋转设置
移动工具	使用该工具可快速调整图像或路径的外形和位置
快速选择工具组	该工具组包括"快速选择工具"和"魔棒工具"，可应用这些工具快速创建选区
吸管工具组	该工具组包括"吸管工具"、"颜色取样器工具"、"标尺工具"、"注释工具"和"计数工具"，可应用这些工具快速进行颜色取样或度量图像的长宽、角度等参数
画笔工具组	该工具组包括"画笔工具"、"铅笔工具"和"颜色替换工具"，可应用这些工具快速绘制或替换图像中特定部分的颜色

历史记录工具组	该工具组包括"历史基率画笔工具"和"历史记录艺术画笔工具"，可应用这些工具使用指定历史记录状态或快照中的源数据，以风格化描边进行绘画
填充工具组	该工具组包括"渐变工具"和"油漆桶工具"，可应用这些工具对图像进行渐变填充和特定颜色的填充
减淡工具组	该工具组包括"减淡工具"、"加深工具"和"海绵工具"，可应用这些工具对图像的局部进行减淡、加深和其他设置
文字工具组	该工具组包括"横排文字工具"、"直排文字工具"、"横排文字蒙版工具"和"直排文字蒙版工具"，可应用这些工具输入并设置文本
形状工具组	该工具组包括"矩形工具"、"圆角矩形工具"、"椭圆工具"、"多边形工具"、"直线工具"和"自定义形状工具"，应用这些工具可快速绘制矩形、圆角矩形、椭圆形及各种其他形态的形状
前景色和背景色	单击前景色或背景色色块，在弹出的"拾色器"对话框中可设置前景色和背景色参数
以快速蒙版模式编辑	单击该按钮，进入快速蒙版编辑模式

2.2.2 查看与工具对应的选项栏

在Photoshop的工具箱中选择不同的工具后，都可在其工具选项栏中通过改变参数准确地对图像编辑和设置。如表2-2所示为常用工具的选项栏。

表2-2 Photoshop中常用工具的选项栏

名称	图例
"矩形选框工具"的选项栏	
"裁剪工具"的选项栏	
"修复画笔工具"的选项栏	
"橡皮擦工具"的选项栏	
"移动工具"的选项栏	
"画笔工具"的选项栏	
"渐变工具"的选项栏	
"横排文字工具"的选项栏	
"自定形状工具"的选项栏	
"缩放工具"的选项栏	

服装设计与Photoshop

第2章

名流 Photoshop 服装设计表现技法完全剖析

1. 认识路径

　　路径由锚点和路径线组成，具有点、线和方向的属性，因此属于矢量图形，如图2-5所示。

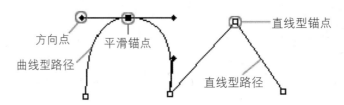

图2-5　认识路径

　　直线型路径的锚点没有控制手柄，在锚点的两端为直线段。

　　曲线型路径的锚点可分为平滑锚点和折角锚点。平滑锚点的两端有两个处于同一直线上的控制手柄，这两个控制手柄之间是相互关联的，拖动其中一个手柄，另一个手柄会向相反的方向移动，此时路径线也会随之发生相应的改变，如图2-6所示。

　　折角锚点虽然也有两个控制手柄，但它们之间是相互独立的，当拖动其中一个手柄时，另一个手柄不会发生改变，如图2-7所示。

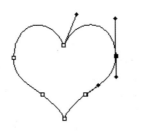
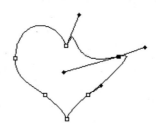

图2-6　平滑锚点

图2-7　折角锚点

　　路径可分为闭合路径和开放路径。闭合路径没有起始点和终点，而开放路径具有明显的起始点和终点，如图2-8所示。路径不完全是一个由多条路径线连接的整体，它可以包含多个相互独立的路径组件，如图2-9所示。

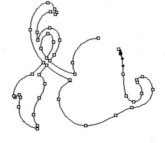

图2-8　封闭路径和开放路径　　　　　　　　图2-9　路径中包含的路径组件

2．使用"钢笔工具"和"自由钢笔工具"

"钢笔工具"是最基本和最常用的路径绘制工具，使用该工具可以绘制任意形状的直线或曲线路径。选择"钢笔工具"，可以在其工具选项栏中对钢笔工具的属性和修改路径的方式等进行设置，如图2-10所示。

图2-10　钢笔工具选项栏属性设置

选择"自由钢笔工具"，其工具选项栏如图2-11所示。单击其中的"几何选项"按钮，弹出如图2-12所示的"自由钢笔选项"，各选项的功能如下。

图2-11　自由钢笔工具选项栏

● 曲线拟合：用于控制绘制路径时对鼠标移动的敏感性。输入的数值越高，所创建的路径节点越少，路径越光滑。

● 磁性的：勾选该复选框，可以激活磁性钢笔工具，此时"磁性的"选项区域中的参数将被激活，如图2-12所示。磁性钢笔工具的功能和使用方法类似于磁性套索工具，它可以自动识别图像的边缘，自动创建路径。图2-13所示为激活磁性功能后创建的路径。

● 宽度：用于设置磁性钢笔工具探测的距离。数值越大，磁性钢笔工具探测的距离越大。

● 对比：用于设置边缘像素间的对比度。

● 频率：用于设置钢笔工具在绘制路径时创建节点的密度。数值越大，得到路径的锚点数量也就越多。

图2-12　在自由钢笔选项中激活磁性选项

图2-13　使用磁性钢笔工具创建的路径

3．使用"路径选择工具"

（1）组合路径

在路径选择工具选项栏中提供了4种不同方式的组合路径按钮，分别是"添加到形状区域"按钮、"从形状区域减去"按钮、"交叉形状区域"按钮和"重叠形状区域除外"按钮。在同一个路径中存在两个或两个以上独立路径时，就可以将这些路径按不同的方式组合。

● "添加到形状区域"按钮：选择其中一条路径，然后单击该按钮，再单击 组合 按钮，即可使当前路径中的所有路径发生加运算，其结果是向原路径中添加新路径所定义的区域，如图2-14所示。

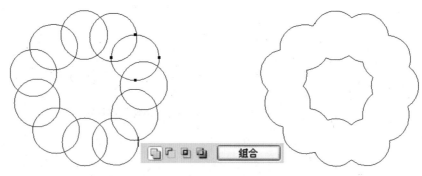

图2-14 路径加运算后的效果

● "从形状区域减去"按钮：使两条路径发生减运算，其结果是从原路径中删除新路径与原路径重叠的区域，如图2-15所示。

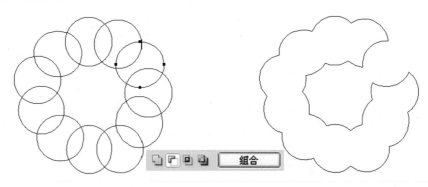

图2-15 路径减运算后的效果

● "交叉形状区域"按钮：使两条路径发生交集运算，其结果是生成的新区域被定义为新路径与现有路径的交叉区域，如图2-16所示。

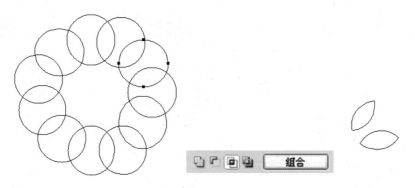

图2-16 路径交集运算后的效果

● "重叠形状区域除外"按钮：使两条路径发生排除运算，其结果是定义生成新路径与现有路径的非重叠区域，如图2-17所示。

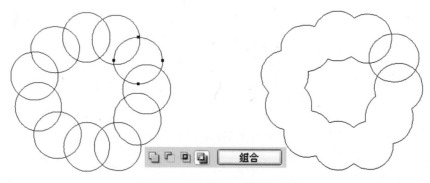

图2-17 路径排除运算后的效果

（2）对齐路径

在路径选择工具选项栏中，提供了6种分别用于在水平和垂直方向上对齐路径的按钮，分别是"顶对齐"按钮 、"垂直居中对齐"按钮 、"底对齐"按钮 ，"左对齐"按钮 、"水平居中对齐"按钮 和"右对齐"按钮 。

01 在同一个路径栏中创建两个或两个以上的独立路径，如图2-18所示。

图2-18 创建在同一个路径栏中的多个独立路径

02 按住Shift键，使用路径选择工具选择需要对齐的所有路径，然后单击工具选项栏中所需的对齐按钮，即可将选取的路径按指定的方式对齐。图2-19所示为选取的路径。图2-20所示为将路径垂直居中对齐的效果。图2-21所示为将路径水平居中对齐的效果。

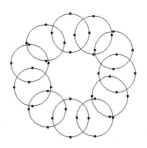

图2-19 选取的路径

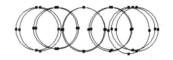

图2-20 路径垂直居中对齐的效果

图2-21 路径水平居中对齐的效果

（3）使用右键快捷菜单

使用路径选择工具选择路径后，在路径范围内单击鼠标右键，弹出如图2-22所示的右键快捷菜单。通过选择相应的命令，可以完成对路径的一些编辑操作，各命令选项的功能如下。

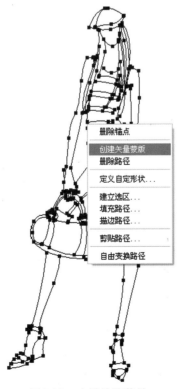

图2-22 右键快捷菜单

● 创建矢量蒙版：当前所选图层未处于全部锁定状态时，选择"创建矢量蒙版"命令，可以根据当前所选路径，为当前图层创建一个矢量蒙版，如图2-23所示。

● 删除路径：在使用路径选择工具选择整条路径后，选择"删除路径"命令，或者按Delete键，可以删除当前所选的路径。

● 定义自定形状：选择"定义自定形状"命令，弹出如图2-24所示的"形状名称"对话框，在其中为形状命名后，单击"确定"按钮，即可将当前选取的路径定义为自定形状。定义为自定形状后，就可以使用"自定形状工具"直接将该形状绘制出来。

图2-23　创建矢量蒙版

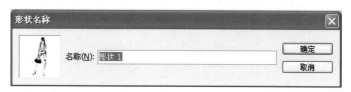

图2-24　"形状名称"对话框

● 建立选区：选择"建立选区"命令，弹出如图2-25所示的"建立选区"对话框，在其中可以设置选区的羽化参数，以及是否消除锯齿和在当前文档中建立选区的操作方法。设置好后，单击"确定"按钮，即可按指定设置将当前选取的路径转换为选区，如图2-26所示。

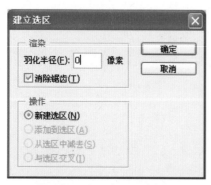

图2-25　"建立选区"对话框

图2-26　将路径转换为选区

● 填充路径："填充路径"命令用于对路径所在的区域进行填充。当选取的路径所在的路径栏中存在有多个子路径时，该命令将变为"填充子路径"命令。

01 选择需要填充的路径，然后选择"填充路径"或"填充子路径"命令，弹出如图2-27所示的"填充路径"或"填充子路径"对话框。

■ 内容：设置用于填充路径区域的颜色或图案。

■ 混合：用于设置所填充的颜色与下方图像中的颜色进行混合的模式。"不透明度"选项用于设置填充颜色的不透明程度。勾选"保留透明区域"复选框，将不会填充路径区域内的透明区域。

■ 羽化半径：用于设置路径区域的羽化程度。

02 在其中设置用于填充的内容、与下层图像颜色混合的模式，以及填充路径时进行的羽化处理参数等，如图2-28所示。然后单击"确定"按钮，即可填充选取的路径，效果如图2-29所示。

图2-27 "填充子路径"对话框

图2-28 "填充子路径"对话框

图2-29 路径的填充效果

● 描边路径："描边路径"命令用于为路径应用描边的效果。当选取的路径所在的路径栏中存在多个子路径时，该命令将变为"描边子路径"命令。

01 选择用于描边路径的工具，如画笔工具或铅笔工具等，然后设置用于描边路径的画笔形状和大小等属性，如图2-30所示。

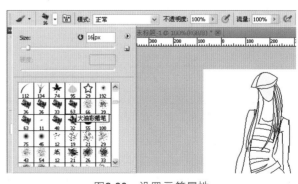

图2-30 设置画笔属性

02 将前景色设置为蓝色。选择路径选择工具，在需要描边的路径上单击鼠标，将其选取，然

23

后再该路径区域内单击鼠标右键，从弹出的右键快捷菜单中选择"描边路径"或"描边子路径"命令，弹出"描边路径"或"描边子路径"对话框，如图2-31所示。

图2-31 "描边子路径"对话框

03 在该对话框中选择对路径进行描边的工具，以已设置好属性的绘图工具为准，然后单击"确定"按钮，即可对选取的路径进行描边处理，如图2-32所示。

● 剪贴路径：在打印Photoshop图像或该图像置入另一个应用程序（如Illustrator）中时，应用剪贴路径命令，可以将路径区域内的图像与周围的图像分离，而只显示路径区域内的图像，其他的图像将变为透明状态。

图2-32 路径的描边效果

4．使用"直接选择工具"

"直接选择工具"用于对路径中单独的锚点和路径线进行选取和编辑，在编辑时不影响其他未选择的锚点和路径线，并且在调节锚点时也不会改变锚点的属性。图2-33所示为使用"直接选择工具"选择并移动锚点的效果。

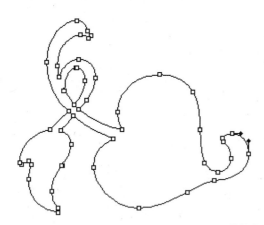

图2-33 选择和移动锚点的效果

（1）选择单个锚点

使用"直接选择工具"在需要选择的锚点上单击鼠标，选中的锚点呈实心状态，此时表示该锚点已被选中。

（2）选择多个锚点

● 若要选择多个锚点，可以按住Shift键的同时单击需要选择的锚点，选中的锚点呈实心状态，未选中的锚点呈空心状态。

● 在路径线以外的空白区域拖曳鼠标框选需要选择的所有锚点，释放鼠标后，位于选取框中的所有锚点都将被选中，如图2-34所示。

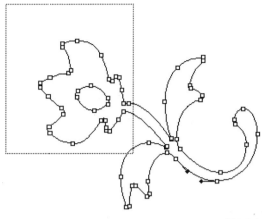
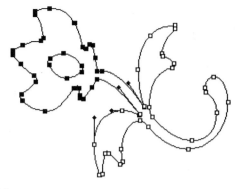

图2-34　框选多个锚点

（3）删除部分锚点和路径线

使用"直接选择工具"在需要删除的路径线上单击鼠标，将其选择，然后按下Delete键，即可删除选择的路径线。选择路径中的其中一个锚点，然后按下Delete键，可以删除该锚点和连接该锚点的路径线。

（4）改变路径的形状

使用"直接选择工具"选择一个或多个锚点，然后拖曳选择的锚点或路径线，可以移动锚点的位置，同时路径线的形状也会随之发生改变。

图 2-35 所示为原路径。图 2-36 所示为移动锚点位置后的路径。图 2-37 所示为调整控制手柄后的路径。

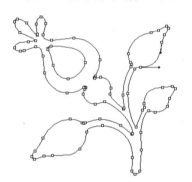
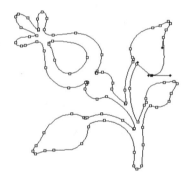
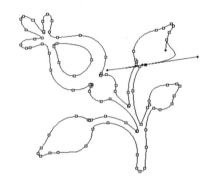

图2-35　原路径　　　　图2-36　移动锚点后的路径　　　　图2-37　调整控制手柄后的路径

（5）使用右键快捷菜单

使用"直接选择工具"选择一个或多个锚点，然后再选择的锚点上单击鼠标右键，弹出如图2-38所示的右键快捷菜单，其中大多数命令与"路径选择工具"右键菜单相同，下面介绍另外两个不同命令的功能。

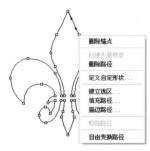

图2-38　选择部分锚点后的右键快捷菜单

01　选择需要删除的一个锚点，然后再该锚点上单击鼠标右键，从弹出的右键菜单中选择"删除锚点"命令，即可删除指定的锚点，如图2-39所示。

图2-39　删除指定的锚点

02　按住Shift键的同时选择多个锚点，如图2-40所示。

03 在选中的锚点上单击鼠标右键，从弹出的右键菜单中选择"自由变换点"命令，在所选锚点对应的区域四周将出现变换控制框，如图2-41所示。

04 按照自由变换路径的方法，对选定区域进行自由变换处理即可。图2-42所示为将控制线所在区域放大后的效果。

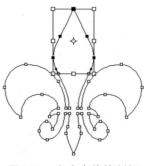

图2-41　自由变换控制框

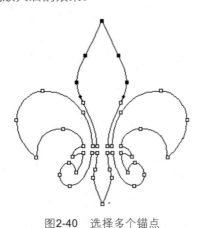

图2-40　选择多个锚点

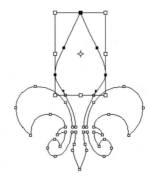

图2-42　放大选定区域的效果

5．使用锚点编辑工具

（1）添加锚点工具

在路径线上添加新的锚点，可以方便对路径形状进行编辑，使造型更加精确。

使用"添加锚点工具"可以在路径线上添加新的锚点，其操作方法是将鼠标指针移动到路径线上单击，即可在单击处添加一个锚点，如图2-43所示。

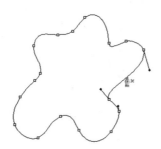

图2-43　添加锚点

（2）删除锚点工具

在编辑路径时，删除路径线上多余的锚点，可以使路径更加平滑。

使用"删除锚点工具"可以删除路径中的锚点，其操作方法是将鼠标指针移动到需要删除的锚点上单击，即可删除此处的锚点，如图2-44所示。

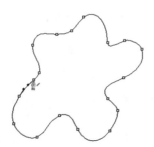
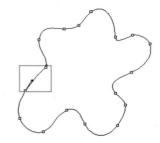

图2-44　删除锚点

（3）转换点工具

使用"转换点工具"可以移动路径或路径的一部分，并可以改变锚点的属性，从而改变路径的形状。使用"转换点工具"可以对路径进行以下的编辑。

● 将平滑锚点转换为直线型锚点：使用"转换点工具"在平滑锚点上单击，可以将曲线路径中的平滑锚点转换为直线型锚点，锚点两端的路径形状也会随之发生改变，如图2-45所示。

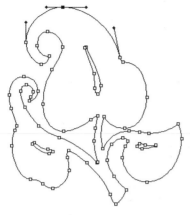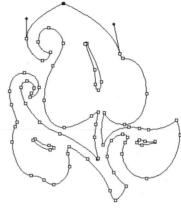

图2-45 将平滑锚点转换为直线型锚点

● 将直线型锚点转换为平滑锚点：使用"转换点工具"拖曳直线型锚点，可以将直线型锚点转换为平滑锚点，以便改变路径的曲线形状，如图2-46所示。

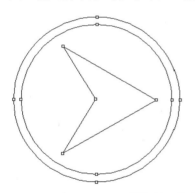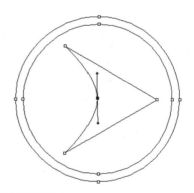

图2-46 将直线型锚点转换为平滑锚点

● 将平滑锚点转换为折角型锚点：拖曳平滑锚点两端的任一个控制手柄，可以将平滑锚点转换为折角型锚点，这时可以随意改变该锚点一端路径形状，而不会影响另一端路径形状，如图2-47所示。

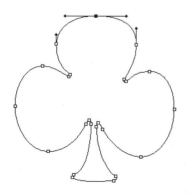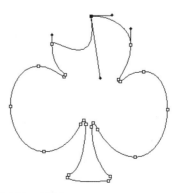

图2-47 将平滑锚点转换为折角型锚点

名流 Photoshop 服装设计表现技法完全剖析

"画笔工具"是最基本的绘图工具，常用于创建较丰富的线条，使用该工具是绘制和编辑图像的基础。使用"画笔工具"进行绘画时，首先应设置好所需的前景色，然后再通过其工具选项栏对画笔属性进行设置，如图2-48所示。

图2-48 画笔工具选项栏

01 新建一个空白文档，选择画笔工具，在工具选项栏中单击"画笔"右侧的·按钮，在弹出的"画笔预设"选取器中设置画笔大小以及画笔的笔触形状，如图2-49所示。

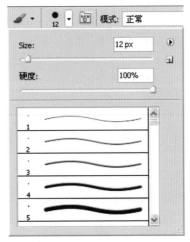

图2-49 "画笔预设"选取器

02 在"画笔预设"选取器中单击▶按钮，从弹出式菜单中可以选择系统预设的画笔库，如图2-50所示。选择一种预设画笔库后，系统将弹出如图2-51所示的提示对话框，单击"追加"按钮，将选定的画笔类型添加到画笔列表框中。单击"确定"按钮，使用选定的画笔类型替换当前画笔。

● 在"画笔预设"选取器弹出式菜单中选择"新建画笔预设"命令，创建新的画笔预设。

● 选择"重命名画笔"命令，在弹出的"画笔名称"对话框中为当前所选画笔重新命名，然后单击"确定"按钮，即可为选定的画笔重新命名。

● 选择"删除画笔"命令，弹出如图2-52所示的提示对话框，单击"确定"按钮，即可删除当前选取的画笔。

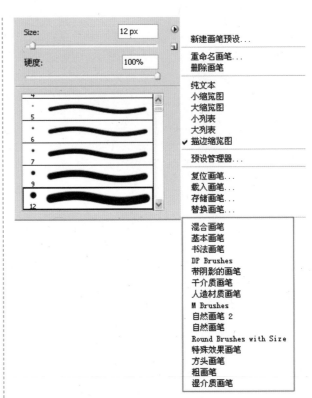

图2-50 选择预设画笔库

图2-51 提示对话框

图2-52 删除画笔

● 在画笔显示状态区域中，可选择画笔在列表框中显示的状态。图2-53所示是选择"小列表"和"描边缩览图"后的显示效果。

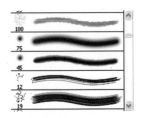

图2-53 小列表与描边缩览图显示

● 选择"预设管理器"命令，弹出如图2-54所示的"预设管理器"对话框，在其中可载入以＊.ABR格式保存的画笔文件，同时还可以进行重命名、删除和保存当前所设置画笔的操作。

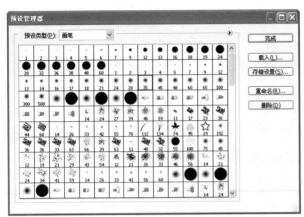

图2-54 "预设管理器"对话框

● 选择"复位画笔"命令，弹出如图2-55所示的提示对话框，单击"确定"按钮，可使用默认画笔替换当前的画笔预设。

图2-55 提示对话框

● 选择"载入画笔"命令，可载入已保存的画笔样式文件。

● 选择"存储画笔"命令，可以将当前定义的画笔以＊.ABR格式保存。选择该命令后，将弹出如图2-56所示的"存储"对话框，在其中选择保存文件的位置并为文件命名后，单击"确定"按钮即可。

图2-56 "存储"对话框

● 选择"替换画笔"命令，可以选择保存的画笔来替换当前选取的画笔。

03 在"模式"下拉列表中设置画笔颜色与图层颜色混合的模式，如图2-57所示。

图2-57 "模式"下拉列表

04 在"不透明度"数值框中设置画笔工具在绘图时的不透明程度，在"流量"数值框中设置画笔工具在绘图时笔墨扩散的浓度，如图2-58所示。

05 单击"喷枪"按钮 ，使其成为激活状态时，画笔工具将使用喷枪效果绘图，这时鼠标指针在一个地方停留的时间越长，所喷出的色点颜色就越深，所占面积就越大。

06 设置好画笔属性后，将前景色设置为所需的颜色，然后在图像窗口中拖曳画笔，即可绘制出笔触效果的图像。

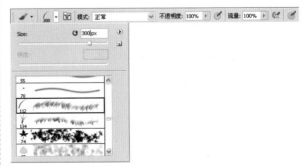

图2-58 设置不透明度和流量

2.2.5　仿制图章工具的使用

使用"仿制图章工具"可以复制局部或全部的图像到同一个图像文件或其他的图像文件中。仿制图章工具选项栏如图2-59所示，用户可以在工具选项栏中设置笔刷的样式、不透明度和流量大小等。

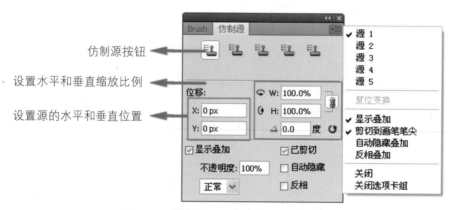

图2-59　仿制图章工具选项栏

● 对齐：勾选该复选框后，复制的图像会随着鼠标指针拖曳的位置进行相同间隔的复制。不勾选该复选框时，不管复制图像到任何位置，复制的图像将始终是最初设置基准点的部分。

● 样本：用于选择使用仿制图章工具进行取样的范围，在该选项下拉列表中提供了3个选项。选择"当前图层"选项，只对当前图层中的图像进行取样；选择"当前与下方图层"选项，可同时对当前与下方图层中的图像进行取样；选择"所有图层"选项，则对所有图层中的图像进行取样。

单击仿制图章工具选项栏中的"切换仿制源面板"按钮，可打开"仿制源"调板。图2-60所示为"仿制源"调板及其弹出式菜单。

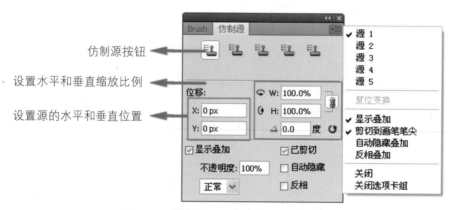

图2-60　"仿制源"调板及其弹出式菜单

在"仿制源"调板中，可以为"仿制图章工具"和"修复画笔工具"设置5个不同的样本源。在该调板中还可以显示样本源的叠加效果，以帮助在特定位置仿制源。另外，还可以缩放或旋转样本源，以按照特定大小和方向仿制源。

1．设置用于仿制和修复的样本源

使用"仿制图章工具"或"修复画笔工具"，可以对当前文档或Photoshop中任何打开的文档中的源进行取样。在"仿制源"调板中，一次最多可以设置5个不同的取样源。"仿制源"调板将存储取样源，直到关闭文档。

要设置取样点，选择"仿制图章工具"或"修复画笔工具"，然后在打开的文档窗口中按住Alt键并单击鼠标即可。要设置另一个取样点，单击"仿制源"调板中的其他仿制源按钮，再按住Alt键并单击鼠标即可。通过设置不同的取样点，可以更改"仿制源"按钮的取样源。

设置取样点后，在"仿制源"调板中单击对应的仿制源按钮，在下方会显示该取样点所在的文档、图层名称以及水平和垂直位置等，如图2-61所示。

图2-61　查看取样源参数

2．缩放和旋转样本源

01 要缩放样本源，在W（宽度）或H（高度）数值框中输入百分比值。默认情况下将约束宽高比例，要单独调整尺寸或恢复约束选项，可单击"保持长宽比"按钮。图2-62所示是将样本源宽度和高度设置为50%后复制的图像，可以看到复制的图像缩小为原来的一半。图2-63所示是将样本源宽度和高度设置为100%后复制的图像。

览样本源旋转的效果，如图2-64所示。图2-65所示是将角度设置45°后复制的图像效果。

图2-64　拖动△图标预览样本源的旋转效果

图2-62　按50%样本源大小复制的图像

图2-63　按100%样本源大小复制的图像

02 要旋转样本源，可在 △ 0.0 度数值框中输入一个角度值，或拖动"旋转仿制源"图标△，以预

图2-65　将角度设置45°后复制的图像效果

03 要将样本源复位到初始大小和方向，可以单击"复位变换"按钮 ↻。

3．调整样本源叠加选项

可以通过调整样本源叠加选项，以便在使用"仿制图章工具"或"修复画笔工具"进行绘制时，更好地查看叠加和下面的图像。

在"仿制源"调板中勾选"显示重叠"复选框，并执行下列任一操作。

● 要在应用绘画描边时隐藏叠加，可以勾选"自动隐藏"复选框。

● 要设置叠加的外观，从"仿制源"调板底部的下拉列表中选择"正常"、"变暗"、"变亮"或"差值"混合模式，如图2-66所示。

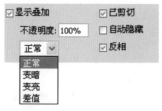

图2-66 叠加选项设置

● 要反相叠加中的颜色，勾选"反相"复选框。

4．指定仿制源位移

在"仿制源"调板中可以指定仿制源的水平和垂直位置。

使用"仿制图章工具"或"修复画笔工具"设置取样点后，为了便于查看仿制源的位置变换，可以在"仿制源"调板中勾选"显示叠加"复选框，然后在图像窗口中拖曳鼠标，可以看到仿制源会随之移动，而调板中的X和Y值也会随仿制源的移动而改变其位移值。

2.2.6 自定形状工具的使用

"自定形状工具"用于绘制一些不规则的形状或路径。选择"自定形状工具"后，可以在工具选项栏的"自定形状"拾色器中选择预设的形状样式，如图2-67所示。单击工具选项栏中的"几何选项"按钮，弹出如图2-68所示的"自定形状选项"。

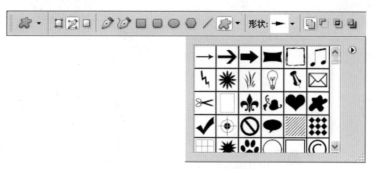

图2-67 "自定形状"拾色器

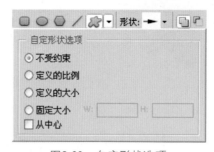

图2-68 自定形状选项

在"自定形状选项"中，各选项的功能如下。

● 单击"不受约束"单选项，可以自由绘制任意大小和比例的自定义形状。

● 单击"定义的比例"单选项，可以按创建自定形状时原图案大小的比例进行绘制。

● 单击"定义的大小"单选项，在图像窗口中单击鼠标，可以按创建自定形状时原图案的实际大小进行绘制。

● 单击"固定大小"单选项，在图像窗口中单击鼠标，设置宽和高的参数，自定形状图案的尺寸就固定了。

● 勾选"从中心"选项，在图像窗口中单击鼠标，图案就从中心开始绘制。

在"自定形状"拾色器中单击 按钮，弹出如图2-69所示的快捷菜单，在其中选择"全部"命令，将弹出如图2-70所示的提示对话框，单击"确定"按钮，可以将系统预设的全部自定形状添加到"自定形状"拾色器中，如图2-71所示。

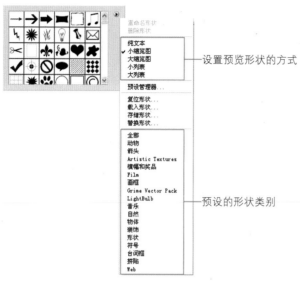

图2-70　提示对话框

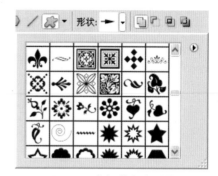

图2-69　"自定形状"拾色器中的快捷菜单

图2-71　全部的自定形状

2.2.7　渐变工具的使用

"渐变工具"可以为图像填充两种或两种以上过渡色彩的渐变混合色。选择"渐变工具"后，其工具选项栏设置如图2-72所示。

图2-72　渐变工具选项栏设置

● 单击渐变条右边的下拉按钮，在弹出的渐变样式下拉列表框中可以选择预设的渐变色样，如图2-73所示。

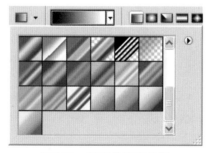

图2-73　预设的渐变色样

● 在渐变工具选项栏中提供了5种渐变方式，分别是"线性渐变" 、"径向渐变" 、"角度渐变" 、"对称渐变" 和"菱形渐变" ，其应用效果分别如图2-74所示。

线性渐变　　　　　径向渐变　　　　　角度渐变　　　　　对称渐变　　　　　菱形渐变

图2-74　5种不同的渐变方式应用效果

服装设计与Photoshop

第2章

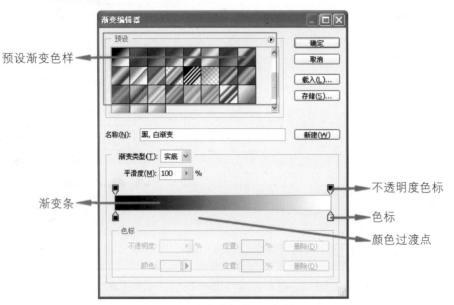

- 模式：用于设置渐变时的混合模式。
- 不透明度：用于设置渐变时填充颜色的不透明度。
- 反向：勾选该复选框后，填充的渐变颜色方向将与所设置的色彩方向相反。
- 仿色：在进行渐变颜色填充时选择该选项，可将增加渐变色的中间色调，使渐变效果更加平缓。
- 透明区域：用于关闭或打开渐变的透明度设置。

在填充渐变色时，可以使用Photoshop提供的渐变色样，也可以对渐变参数进行自定义设置。单击渐变工具选项栏中的渐变条，打开"渐变编辑器"对话框，如图2-75所示。

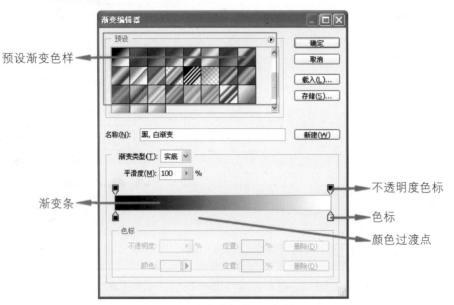

图2-75 "渐变编辑器"对话框

- 预设：其中显示了Photoshop提供的一些预设渐变色样，单击其中一个色样，即可将其设置为当前渐变色，同时该颜色会显示在下方的渐变条中，用户可以将其作为自定义渐变颜色的基础样式。
- 名称：查看或输入渐变样式的名称。
- 新建：单击"新建"按钮，可以将当前设置的渐变样式保存为新的渐变色样，如图2-76所示。

图2-76 新建渐变色样

- 渐变类型：在其下拉列表中可选择渐变填充的颜色效果，在其中可选择由多个单色组成渐变颜色段的"实底"选项或应用杂色渐变的"杂色"选项，如图2-77所示。

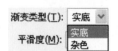

图2-77 渐变类型选项

- 平滑度：设置渐变填充色的平滑度。数值为100时，颜色过渡可以很自然。

1．填充实底

在默认的"实底"渐变类型中，可以在渐变效果编辑条中通过添加或调整色标的方式编辑需要的渐变颜色。选择预设区域中的渐变样式后，可以在渐变条中查看所选渐变样式的具体颜色设置，并可以对其进行编辑和调整。

（1）添加色标

将鼠标指针移动到渐变条下方，当其变为小手状态时单击鼠标，可以在单击处添加一个新的色标，如图2-78所示。双击该色标或在下方的"颜色"色块上单击鼠标，在弹出的"拾色器"对话框中可以对该过渡点的颜色进行自定义设置，如图2-79所示。

图2-78　添加色标

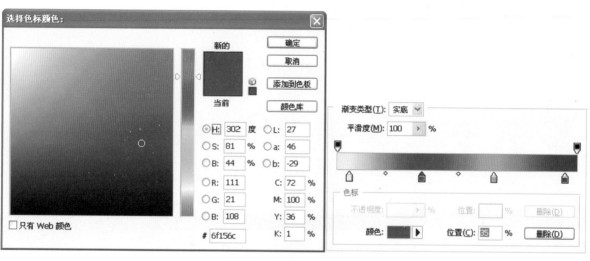

图2-79　自定义色标的颜色

（2）删除色标

在渐变条中可以添加若干个过渡色标，对于不需要的色标，可以在选择该色标后，向下拖曳或单击下方的"删除"按钮，即可将其从渐变条中删除，如图2-80所示。渐变条中至少应存在两个色标。

图2-80　删除色标前后的效果

（3）改变色标的位置

在选择一个色标后，可以拖曳鼠标或者在下方的"位置"数值框中输入百分比值，设置该色标在渐变条中的位置。

（4）改变颜色中点的位置

当渐变条中的色标多于两个时，单击其中一个色标，可以显示该色标处的颜色中点。拖曳颜色中点或在下方的"位置"数值框中输入精确的位置百分数，可以调整两个渐变颜色之间的对比距离，从而改变设置的颜色渐变效果，如图2-81所示。

图2-81　调整颜色中点后的效果

（5）填充渐变色

设置好需要的渐变颜色后，单击"渐变编辑器"对话框中的"确定"按钮，回到当前图像窗口。在渐变工具选项栏中选择好需要的渐变方式，然后在图像窗口中拖曳鼠标，释放鼠标后，即可填充已设置好的渐变色，如图2-82所示。

图2-82　图像的渐变填充效果

2．设置透明渐变色

在"渐变编辑器"对话框中单击渐变条左右两边的不透明度色标，下方的"不透明度"和对应的"位置"选项将被激活，在其中可设置"不透明度色标"所在的位置和不透明度，如图2-83所示。

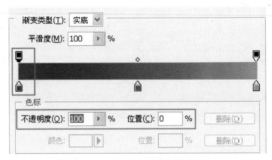

图2-83　不透明度色标参数设置

设置不透明度色标与设置色标的操作方法基本相同。在渐变条上方靠近渐变的位置单击鼠标，可添加一个不透明度色标。拖曳不透明度色标，可以改变其位置，同时渐变颜色中的透明区域也会随之发生改变。将多余的不透明度色标拖离渐变条，可将其删除。渐变条中至少应存在两个不透明度色标。

图2-84与图2-85所示是设置的透明渐变颜色和使用该颜色填充后的效果。

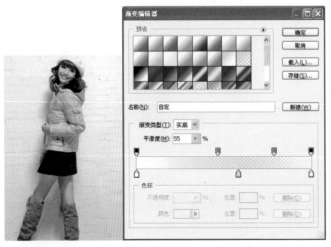

图2-84　透明渐变颜色设置　　　　　图2-85　填充后的效果

3．杂色填充

在"渐变编辑器"对话框的"渐变类型"下拉列表中选择"杂色"选项，对话框设置如图2-86所示。

● 粗糙度：用于设置渐变颜色的杂乱程度。图2-87所示是将"粗糙度"分别设置为50%和100%后的填充效果。

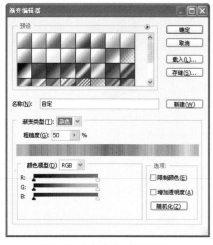

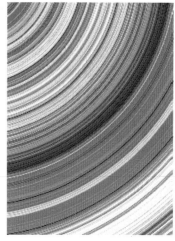

图2-86 "杂色"选项设置 　　　　　图2-87 "粗糙度"分别为50%和100%后的填充效果

● 颜色模型：在该选项下拉列表中选择所需的颜色模式后，可以通过拖曳下面对应的颜色条的方式，限制杂色渐变的颜色取值范围，如图2-88所示。

● 限制颜色：勾选该复选框后，可以在杂色渐变产生时，使两个颜色之间出现更多的过渡颜色，得到比较平滑的渐变颜色。

● 增加透明度：勾选该复选框后，可以在产生杂色渐变时，将色彩的灰度成分显示为透明，如图2-89所示。

图2-88 设置颜色取值范围 　　　　　图2-89 增加透明度效果

● 随机化：单击该按钮，可以将当前设置的渐变颜色替换为随机生成的渐变颜色。每单击一次，就会替换一次。

2.2.8 加深减淡工具的使用

1．加深工具

"加深工具"用于降低图像的曝光度，并加深图像的局部色调。"加深工具"的使用方法与"减淡工具"相似，但作用相反。图2-90所示为使用"加深工具"调整图像前后的效果对比。

名流 Photoshop 服装设计表现技法完全剖析

图2-90 加深图像色调前后的效果对比

2. 减淡工具

"减淡工具"用于对局部区域内的图像进行提亮加光处理。选择"减淡工具",其工具选项栏设置如图2-91所示。

图2-91 减淡工具选项栏设置

01 选择"减淡工具",在工具选项栏中的"画笔预设"选取器中选择所需的画笔形状,并设置适当的画笔大小。

02 在"范围"下拉列表中选择作用于操作区域的色调范围,如图2-92所示。选择"阴影"选项,可以提高暗部及阴影的区域性亮度;选择"中间调"选项,可以提高灰度区域的亮度;选择"高光"选项,可以提高亮部区域的亮度。

03 在"曝光度"选项中设置适当的百分比值,可以控制减淡工具在操作时的亮化程度。百分比值越大,一次操作亮化的效果越明显。

04 设置好减淡工具属性后,在图像中拖曳鼠标进行涂抹,即可加亮涂抹处的区域,如图2-93所示。

图2-92 选择色调范围

图2-93 亮化图像色调后的效果

1．更改文本方向

选择所要编辑的文字图层，然后选择任何一个文字工具，再单击文字工具选项栏中的"更改文本方向"按钮 ，即可将文字在横排与直排之间转换。图2-94所示为将文字由横排转换为直排的效果。

图2-94　文本方向的转换

2．更改字体

选择所要编辑的文字图层，单击文字工具选项栏中的"设置字体系列"下拉按钮 楷体_GB2312 ，在弹出的下拉列表框中显示了当前已被安装的所有字体，用户可从中选择所需的字体。

3．设置字体样式

为英文设置好字体后，文字工具选项栏中的"设置字体样式"选项 Regular 将被激活，在其中可以显示该字体对应的字体样式，如图2-95所示。

图2-95　英文对应的字体样式

服装设计与Photoshop

第2章

4. 设置字体大小

在"设置字体大小"下拉列表框中 ，可以选择文字的字体大小，也可以直接在该选项数值框中输入所需的字体大小值。图2-96所示为分别调整各个字符大小后的效果。

图2-96　分别调整各个字符大小的效果

5. 设置消除锯齿的方法

Photoshop通过部分填充文字边缘的像素，使文字产生边缘平滑的效果，从而消除文字边缘的锯齿。

选择文字图层，然后在文字工具选项栏中单击"设置消除锯齿的方法"下拉按钮 aa 锐利 ，从弹出的下拉列表中即可选择消除文本锯齿的方法，其中包括无、锐利、犀利、浑厚和平滑5个选项，如图2-97所示。

图2-97　消除锯齿的方法选项

- 无：不应用消除锯齿。
- 锐利：文字以最锐利的形式出现。
- 犀利：文字显示为较锐利。
- 浑厚：文字显示为较粗。
- 平滑：文字显示为较平滑。

图2-98所示为分别设置消除锯齿的方法为"无"和"平滑"后，输入的文字效果对比。

图2-98　使用"无"和"平滑"选项后的效果对比

6．设置文本的对齐方式

在文字工具选项栏中提供了3个用于设置文本段落对齐方式的按钮。在选择文字图层后，分别单击所需的对齐按钮，可使文本按指定的方式对齐。

● 当文字为横向排列时，对齐按钮分别为"左对齐文本"按钮▤、"居中对齐文本"按钮▤和"右对齐文本"按钮▤。

● 当文字为竖向排列时，对齐按钮分别为"顶对齐文本"按钮▥、"居中对齐文本"按钮▥和"底对齐文本"按钮▥。

7．设置文本颜色

在使用文字工具输入文本时，文本颜色默认为前景。要修改文字颜色，可在选择文字所在的文字图层后，单击文字工具选项栏中的"设置文字颜色"颜色框，在弹出的"选择文本颜色"对话框中设置所需的颜色，然后单击"确定"按钮即可。

2.2.10　椭圆工具的使用

"椭圆工具"用于绘制椭圆或圆形，该工具的使用方法与矩形工具相同。图2-99所示为椭圆工具选项栏和"椭圆选项"设置。在"椭圆选项"中单击"圆"单选项，可直接绘制圆形。

图2-99　椭圆工具选项栏和"椭圆选项"设置

2.2.11　橡皮擦工具的使用

　　"橡皮擦工具"主要用于擦除图像中的颜色信息。使用"橡皮擦工具"擦除图像中的背景图层时，被擦除的部分显示为背景色；擦除背景图层以外的其他图层时，被擦除的图像区域变为透明状态。

　　选择"橡皮擦工具"，其工具选项栏设置如图2-100所示。

图2-100　橡皮擦工具选项栏设置

　　● 画笔：用于设置画笔的大小、硬度和画笔形状。画笔越大，使用橡皮擦工具一次性擦除的图像区域就越大，反之则越小。

　　● 模式：在该选项下拉列表中可以选择橡皮擦的使用工具，以决定擦除图像时的笔触形状。其中包括"画笔"、"铅笔"和"块"选项，如图2-101所示。

图2-101　"模式"下拉列表

　　● 不透明度：设置被删除区域的不透明度。

　　● 流量：用于控制工具的涂抹速度。数值越大，涂抹速度越快；数值越小，涂抹速度越慢。

　　● 抹到历史记录：勾选该复选框后，橡皮擦工具将具有历史记录画笔工具的功能，可以将被修改的图像恢复为原图像。按住Alt键，可以在"橡皮擦工具"与"抹到历史记录"选项之间进行切换。

　　在橡皮擦工具选项栏中设置好各项参数，然后使用"橡皮擦工具"在图像窗口中拖曳鼠标，即可擦除鼠标指针经过处的图像。

2.3 | Photoshop服装配饰制作流程

2.3.1　制作蝴蝶胸针

设计分析

本实例主要运用图层样式来制作胸针金属部分的凸起质感，结合使用"加深工具"和"减淡工具"绘制出明暗效果，体现出不同材质的特点，再添加彩钻加以装饰，体现出胸针的华丽，透露出高贵感。

原始素材文件：素材\2.3.1.jpg

视频教学文件：第2章\2.3.1.avi

最终效果文件：效果\2.3.1.psd

设计步骤

01 按Ctrl+N键，新建一个文件，弹出对话框并设置参数，如图2-102所示。

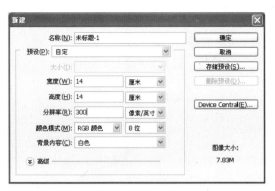

图2-102　新建文件

02 新建"图层1"，单击"钢笔工具" ，绘制蝴蝶路径，如图2-103所示。

图2-103　绘制路径

03 单击"画笔工具" ，设置画笔类型为椭圆形15像素，单击路径面板底部的"用画笔描边路径"按钮 ，如图2-104所示。

图2-104　描边路径

04 单击图层面板下方的"添加图层样式"按钮 *fx.*，在下拉菜单中选择"斜面和浮雕"命令，设置参数对话框如图2-105所示。得到的图层样式效果如图2-106所示。

05 新建"图层2"，单击"钢笔工具" ，绘制路径，按Ctrl+Enter键将路径作为选区载入，填充前景色，如图2-107所示。

06 单击图层面板下方的"添加图层样式"按钮 *fx.*，在下拉菜单中选择"图案叠加"命令，设置参数对话框如图2-108所示。得到的图层样式效果如图2-109所示。

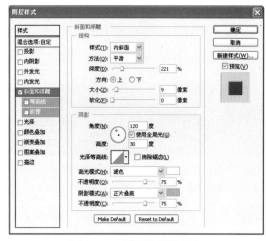

图2-105　斜面和浮雕设置

图2-106　图层样式效果

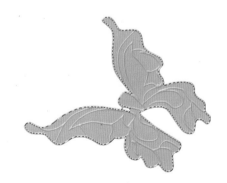

图2-107　填充颜色

图2-108　图案叠加设置

服装设计与Photoshop

图2-109　图层样式效果

07 单击"钢笔工具" ，绘制路径，如图 2-110 所示。

图2-110　绘制路径

08 单击"加深工具" ，设置画笔类型为柔边机械90像素，范围为中间调，曝光度为40%，在选区内进行修饰，效果如图2-111所示。

图2-111　加深修饰

09 复制"图层2"，设置图层混合模式为"正片叠底"，如图2-112所示。

图2-112　设置图层混合模式

10 单击"减淡工具" ，设置画笔类型为柔边机械100像素，范围为高光，曝光度为60%，对图像进行修饰，效果如图2-113所示。

图2-113　减淡修饰

11 新建"图层3"，单击"钢笔工具" ，绘制路径，按Ctrl+Enter键将路径作为选区载入，填充前景色，如图2-114所示。

图2-114　填充颜色

12 单击图层面板下方的"添加图层样式"按钮 ，在下拉菜单中选择"斜面和浮雕"命令，设置参数对话框如图2-115所示。

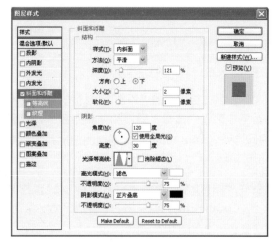

图2-115　斜面和浮雕设置

13 单击"减淡工具" ，设置画笔类型为粉笔17像素，范围为高光，曝光度为18%，对图像进行修饰，效果如图2-116所示。

图2-116　减淡修饰

14 新建"图层4"，单击"椭圆工具" ⬭ ，绘制椭圆，按Ctrl+Enter键将路径作为选区载入，填充前景色，如图2-117所示。

图2-117　填充颜色

15 单击"加深工具" ◔ ，设置画笔类型为粉笔17像素，范围为中间调，曝光度为51%，对图像进行修饰，效果如图2-118所示。

图2-118　加深修饰

16 复制"图层4"，按Ctrl+T键，出现调节框，拖曳调节框改变图像的大小，并将复制好的图像移动到合适的位置，效果如图2-119所示。

图2-119　复制图像

17 绘制路径，填充颜色，使用"加深工具"对图像进行修饰，多次复制后，将复制好的图像移动到合适的位置，效果如图2-120所示。

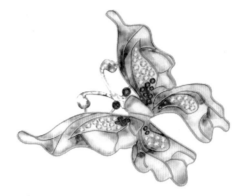

图2-120　复制图像

18 单击"减淡工具" ◔ ，使用"减淡工具"对图像进行修饰，效果如图2-121所示。打开随书光盘素材文件夹中名为2.3.1.jpg的素材图像，将此图像拖入文件中，得到最终效果如图2-122所示。

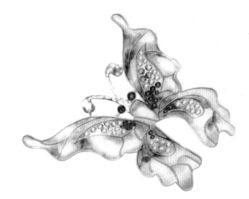

图2-121　减淡修饰

图2-122　最终效果

名流

Photoshop 服装设计表现技法完全剖析

2.3.2 制作蜻蜓胸针

设计分析

本实例主要运用"钢笔工具"绘制蜻蜓胸针的轮廓，制作胸针的金属光亮质感和亮钻的材质质感，体现出胸针简单与素雅的特点。

原始素材文件：素材\2.3.2.jpg
视频教学文件：第2章\2.3.2.avi
最终效果文件：效果\2.3.2.psd

设计步骤

01 按Ctrl+N键，新建一个文件，弹出对话框并设置参数，如图2-123所示。

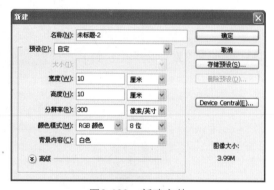

图2-123　新建文件

02 新建"图层1"，单击"钢笔工具" ，绘制路径，如图2-124所示。

图2-124　绘制路径

03 按Ctrl+Enter键将路径作为选区载入，填充前景色，如图2-125所示。

图2-125　填充颜色

04 新建"图层2"，单击"钢笔工具" ，绘制路径，如图2-126所示。

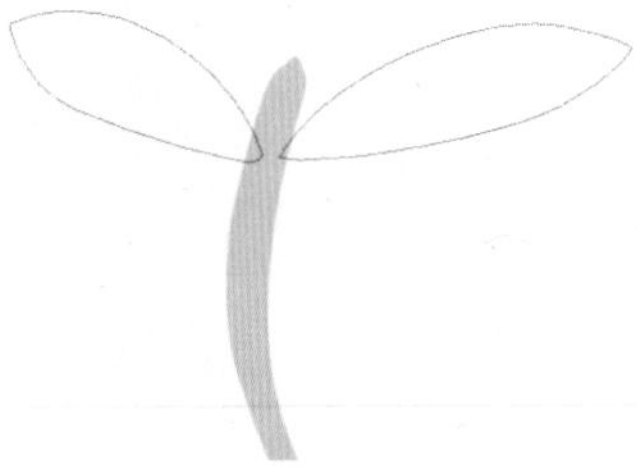

图2-126　绘制路径

05 按Ctrl+Enter键将路径作为选区载入，填充前景色，如图2-127所示。

图2-127　填充颜色

06 新建"图层3"，单击"钢笔工具" ，绘制路径，按Ctrl+Enter键将路径作为选区载入，填充前景色，如图2-128所示。

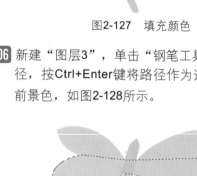

图2-128　填充颜色

07 新建"图层4",单击"椭圆工具" ,绘制椭圆,按Ctrl+Enter键将路径作为选区载入,填充前景色,如图2-129所示。

图2-129　绘制椭圆

08 使用"加深工具"  和"减淡工具"  对图像进行修饰。新建"图层5",绘制椭圆,单击图层面板下方的"添加图层样式"按钮 **fx.**,在下拉菜单中选择"斜面和浮雕"命令,设置参数对话框,效果如图2-130所示。

图2-130　加深减淡和图层样式效果

09 创建新图层组"组1",把"图层4"、"图层5"拖曳到"组1"中,并复制图层组"组1",将副本图层组移动到合适的位置,效果如图2-131所示。

图2-131　复制图像

10 选择"图层1",单击"钢笔工具" ,绘制路径,如图2-132所示。

图2-132　绘制路径

11 单击"减淡工具" ,设置画笔类型为粉笔40像素,范围为高光,曝光度为8%,对选区进行修饰,效果如图2-133所示。

图2-133　减淡修饰

12 绘制路径,单击"加深工具" ,设置画笔类型为柔边机械20像素,范围为高光,曝光度为39%,对选区内进行修饰,效果如图2-134所示。

图2-134　加深修饰

13 选择"图层2",单击"加深工具" ,设置画笔类型为柔边机械100像素,范围为高光,曝光度为8%,对图像进行修饰,效果如图2-135所示。

图2-135　加深修饰

14 选择"图层2",单击"加深工具" ,设置画笔类型为柔边机械70像素,范围为高光,曝光度为39%,对图像进行修饰,效果如图2-136所示。

图2-136　加深修饰

15 选择"图层3"，绘制路径，按Ctrl+Enter键将路径作为选区载入，单击"减淡工具" 🔍，设置画笔类型为粉笔60像素，对选区进行修饰，效果如图2-137所示。

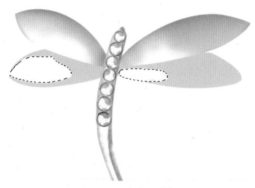

图2-137　减淡修饰

16 绘制路径，按Ctrl+Enter键将路径作为选区载入，使用"减淡工具"对选区进行修饰，效果如图2-138所示。

图2-138　减淡修饰

17 新建"图层6"，单击"钢笔工具" 🖊，绘制路径，如图2-139所示。

图2-139　绘制路径

18 按Ctrl+Enter键将路径作为选区载入，填充前景色，如图2-140所示。

图2-140　填充颜色

19 单击图层面板下方的"添加图层样式"按钮 fx.，在下拉菜单中选择"斜面和浮雕"命令，并设置参数，效果如图2-141所示。

图2-141　图层样式效果

20 新建"图层7"，单击"钢笔工具" 🖊，绘制路径，如图2-142所示。

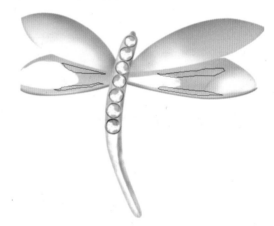

图2-142　绘制路径

21 单击"加深工具" ✍，对选区进行修饰，修饰后的效果如图2-143所示。

22 新建"图层8"，单击"钢笔工具" 🖊，绘制路径，如图2-144所示。

23 按Ctrl+Enter键将路径作为选区载入，填充前景色。单击"加深工具" ✍，对选区内进行修饰，修饰后的效果如图2-145所示。

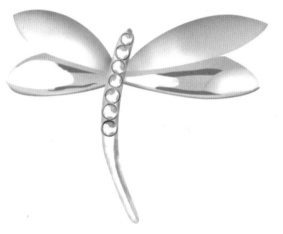

图2-143　加深修饰

图2-145　加深修饰

图2-144　绘制路径

24 打开随书光盘素材文件夹中名为**2.3.2.jpg**的素材图像，将此图像拖曳至文件中，得到最终效果如图2-146所示。

图2-146　最终效果

2.3.3　制作金属胸针

设计分析

本实例主要运用"钢笔工具"绘制胸针的大体轮廓，使用"加深工具"和"减淡工具"修饰胸针，体现金属材质的光亮质感，再结合"图层样式"命令，表现出胸针的立体感，同时表现出胸针的坚实与大方。

原始素材文件：素材\2.3.3.jpg
视频教学文件：第2章\2.3.3.avi
最终效果文件：效果\2.3.3.psd

设计步骤

01 按Ctrl+N键，新建一个文件，弹出对话框并设置参数，如图2-147所示。

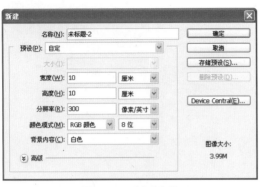

图2-147　新建文件

02 新建"图层1"，单击"钢笔工具" ✐，绘制路径，如图2-148所示。

图2-148　绘制路径

03 按Ctrl+Enter键将路径作为选区载入，填充前景色，如图2-149所示。

图2-149　填充颜色

04 单击"钢笔工具" ✐，绘制路径，如图 2-150 所示。

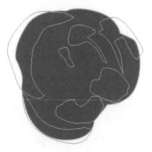

图2-150　绘制路径

05 在菜单栏中选择"选择"|"修改"|"羽化"命令，设置羽化值为2像素。单击"减淡工具" ✎，设置画笔类型为柔边机械175像素，范围为高光，曝光度为100%，对选区进行修饰，效果如图2-151所示。

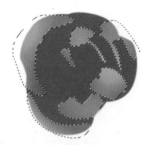

图2-151　减淡修饰

06 使用"减淡工具" ✎ 对图像进行修饰，修饰后的效果如图2-152所示。

图2-152　减淡修饰

07 单击"加深工具" ✎，设置画笔类型为柔边机械50像素，范围为高光，曝光度为53%，对图像进行修饰，效果如图2-153所示。

图2-153　加深修饰

08 新建"图层2"，单击"钢笔工具" ✐，绘制路径，如图2-154所示。

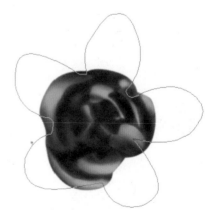

图2-154　绘制路径

09 按Ctrl+Enter键将路径作为选区载入，填充前景色，如图2-155所示。

图2-155　填充颜色

🔟 单击"钢笔工具" ✍，绘制路径，如图 2-156 所示。

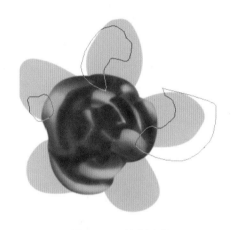

图2-156　绘制路径

1️⃣1️⃣ 单击"钢笔工具" ✍，绘制路径，按Ctrl+ Enter键
将路径作为选区载入，单击"加深工具" ✍，对
选区进行修饰，修饰后的效果如图2-157所示。

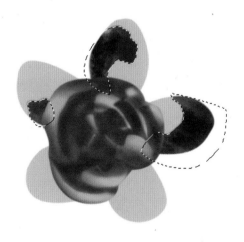

图2-157　加深修饰

1️⃣2️⃣ 单击"减淡工具" ✍，设置画笔类型为粉笔20
像素，范围为高光，曝光度为12%，对图像进行
修饰，效果如图2-158所示。

图2-158　减淡修饰

1️⃣3️⃣ 新建"图层3"，单击"钢笔工具" ✍，绘制路
径，填充前景色，如图2-159所示。

图2-159　填充颜色

1️⃣4️⃣ 单击图层面板下方的"添加图层样式"按钮 fx.，
在下拉菜单中选择"斜面和浮雕"命令，设置参
数对话框如图2-160所示。效果如图2-161所示。

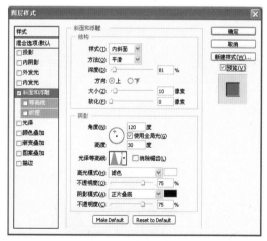

图2-160　斜面和浮雕设置

1️⃣5️⃣ 单击"减淡工具" ✍，设置曝光度为6%，对图
像进行修饰，效果如图2-162所示。

1️⃣6️⃣ 使用"加深工具" ✍和"减淡工具" ✍对图像
进行修饰，效果如图2-163所示。

名流 **Photoshop** 服装设计表现技法完全剖析

图2-161　图层样式效果

图2-162　减淡修饰

图2-163　加深减淡修饰

[17] 新建"图层4"，单击"钢笔工具" ，绘制路径，如图2-164所示。

图2-164　绘制路径

[18] 按Ctrl+Enter键将路径作为选区载入，填充前景色，如图2-165所示。

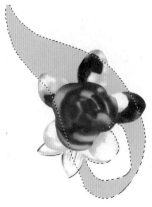

图2-165　填充颜色

[19] 新建"图层5"，单击"钢笔工具" ，绘制路径，如图2-166所示。

图2-166　绘制路径

[20] 单击图层面板下方的"添加图层样式"按钮 **fx.**，在下拉菜单中选择"斜面和浮雕"命令，设置参数对话框如图2-167所示。在下拉菜单中选择"纹理"命令，设置参数对话框如图2-168所示。得到效果如图2-169所示。

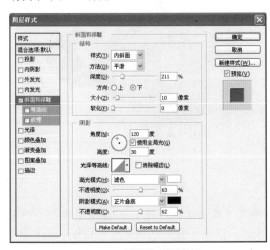

图2-167　斜面和浮雕设置

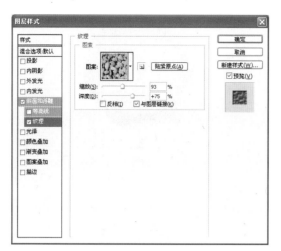

图2-168　纹理设置

图2-169　图层样式效果

21 选择"图层4"，单击"减淡工具" 🔍 ，设置画笔类型为柔边机械100像素，范围为高光，曝光度为26%，对选区进行修饰，效果如图2-170所示。

图2-170　减淡修饰

22 新建"图层6"，单击"钢笔工具" ✐ ，绘制路径，按Ctrl+Enter键将路径作为选区载入，填充前景色，如图2-171所示。

图2-171　绘制路径

23 单击图层面板下方的"添加图层样式"按钮 fx. ，在下拉菜单中选择"斜面和浮雕"命令，设置参数对话框如图2-172所示。得到效果如图2-173所示。

图2-172　斜面和浮雕设置

图2-173　图层样式效果

24 新建"图层7"，单击"钢笔工具" ✐ ，绘制路径，按Ctrl+Enter键将路径作为选区载入，填充前景色，如图2-174所示。

服装设计与Photoshop

第2章

53

名流 Photoshop 服装设计表现技法完全剖析

图2-174　绘制路径

25 新建"图层8"，单击"椭圆工具" 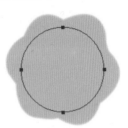，绘制椭圆，如图2-175所示。

图2-175　绘制椭圆

26 单击"加深工具" ，设置画笔类型为柔边机械80像素，范围为中间调，曝光度为100%，对图像进行修饰，效果如图2-176所示。

图2-176　加深修饰

27 单击图层面板下方的"添加图层样式"按钮 *fx.*，在下拉菜单中选择"斜面和浮雕"命令，设置参数对话框如图2-177所示。得到效果如图2-178所示。

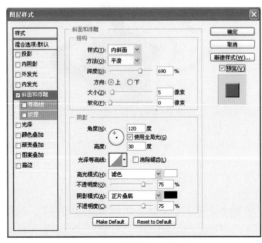

图2-177　斜面和浮雕设置

图2-178　图层样式效果

28 使用"加深工具" 和"减淡工具" 对图像进行修饰，修饰后的效果如图2-179所示。

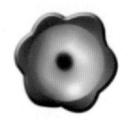

图2-179　加深减淡修饰

29 创建图层组"组1"，把"图层7"和"图层8"拖曳到"组1"中，再复制图层组"组1"，将复制好的图层组移动到合适的位置，如图2-180所示。

图2-180　复制图像

30 新建"图层9"，单击"钢笔工具" ，绘制路径，如图2-181所示。

31 按Ctrl+Enter键将路径作为选区载入，填充前景色，如图2-182所示。

32 单击图层面板下方的"添加图层样式"按钮 *fx.*，在下拉菜单中选择"斜面和浮雕"命令，设置参数对话框如图2-183所示。

33 打开随书光盘素材文件夹中名为2.3.3.jpg的素材图像，将此图像拖曳至文件中，得到最终效果如图2-184所示。

图2-181 绘制路径

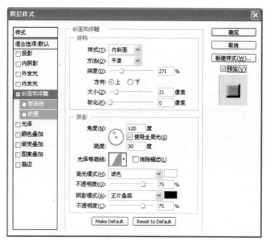

图2-183 斜面和浮雕设置

图2-182 填充颜色

图2-184 最终效果

2.3.4 制作珍珠别针

设计分析

本实例主要运用图层样式制作别针材质的凸起质感，结合使用"加深工具"和"减淡工具"进一步调整材质的明暗效果，再结合"色相/饱和度"命令制作出亮钻多棱反光面，体现出别针的华贵。白色珍珠的点缀，体现出别针的华丽感。

原始素材文件：素材\2.3.4.jpg
视频教学文件：第2章\2.3.4.avi
最终效果文件：效果\2.3.4.psd

设计步骤

01 按Ctrl+N键，新建一个文件，弹出对话框并设置参数，如图2-185所示。

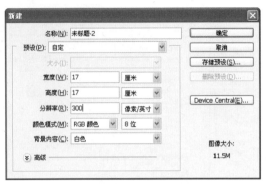

图2-185　新建文件

02 新建"图层1"，单击"钢笔工具" ✐，绘制路径，如图2-186所示。

图2-186　绘制路径

03 按Ctrl+Enter键将路径作为选区载入，填充前景色，如图2-187所示。

图2-187　填充颜色

04 新建"图层2"，绘制路径，填充颜色，使用"加深工具" ✐ 和"减淡工具" ✐ 进行修饰。再单击图层面板下方的"添加图层样式"按钮 **fx.**，在下拉菜单中选择"斜面和浮雕"命令，设置参数。新建"图层3"，然后绘制路径并填充颜色，如图2-188所示。

图2-188　填充颜色

05 单击图层面板下方的"添加图层样式"按钮 **fx.**，在下拉菜单中选择"斜面和浮雕"命令，设置参数对话框如图 2-189 所示。

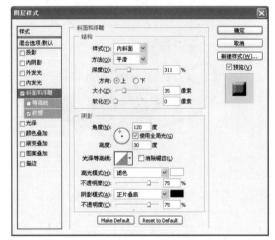

图2-189　斜面和浮雕设置

06 新建"图层4"，单击"钢笔工具" ✐，绘制路径，按Ctrl+Enter键将路径作为选区载入，填充颜色，如图2-190所示。

图2-190　填充颜色

07 单击"减淡工具" ✐，设置画笔类型为柔边机械125像素，范围为中间调，曝光度为53%，对选区进行修饰，效果如图2-191所示。

图2-191　减淡修饰

08 单击"加深工具" ✐，设置画笔类型为柔边机械100像素，范围为中间调，曝光度为39%，对图像进行修饰，效果如图2-192所示。

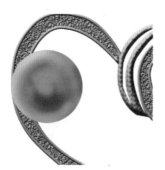

图2-192　加深修饰

09 单击"减淡工具" 🔍，设置画笔类型为柔边机械90像素，范围为高光，曝光度为73%，对图像进行修饰，效果如图2-193所示。

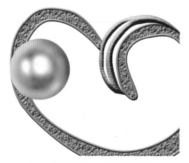

图2-193　减淡修饰

10 新建"图层5"，单击"钢笔工具" 🖊，绘制路径，按Ctrl+Enter键将路径作为选区载入并填充颜色，如图2-194所示。

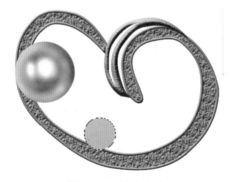

图2-194　填充颜色

11 单击"减淡工具" 🔍，设置画笔类型为柔粉笔70像素，范围为高光，曝光度为21%，对图像进行修饰，效果如图2-195所示。

图2-195　减淡修饰

12 绘制路径，按 Ctrl+Enter 键将路径作为选区载入，单击"加深工具" 🖐，设置画笔类型为粉笔 40 像素，范围为高光，曝光度为 12%，单击"减淡工具" 🔍，设置曝光度为 15%，对图像进行修饰，效果如图 2-196 所示。

图2-196　加深减淡修饰

13 在菜单栏中选择"图像"丨"调整"丨"色相/饱和度"命令，在弹出的对话框中设置参数，并使用"加深工具" 🖐 和"减淡工具" 🔍 进行修饰，修饰后的效果如图2-197所示。

图2-197　色相/饱和度设置

14 复制"图层5"，并将复制好的图层移动到合适的位置，如图2-198所示。

图2-198　复制图像

15 新建"图层6"，单击"钢笔工具" 🖊，绘制路径，按Ctrl+Enter键将路径作为选区载入并填充颜色，如图2-199所示。

图2-199　绘制路径

名流

Photoshop

服装设计表现技法完全剖析

16 与"图层5"的方法相同，进行加深减淡、色相/饱和度处理，并复制"图层6"，如图2-200所示。

图2-200　加深减淡修饰

17 新建"图层7"，单击"钢笔工具" ，绘制路径，按Ctrl+Enter键将路径作为选区载入并填充颜色，如图2-201所示。

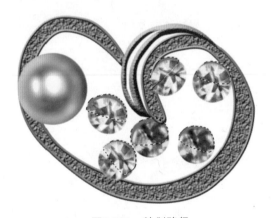

图2-201　绘制路径

18 单击图层面板下方的"添加图层样式"按钮 fx ，在下拉菜单中选择"斜面和浮雕"命令，设置参数对话框，如图2-202所示。得到效果如图2-203所示。

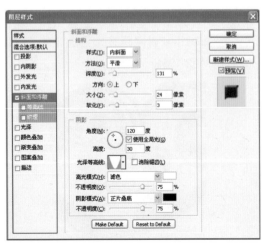

图2-202　斜面和浮雕设置

图2-203　图层样式效果

19 新建"图层8"，单击"钢笔工具" ，绘制路径，按Ctrl+Enter键将路径作为选区载入并填充颜色，如图2-204所示。

图2-204　填充颜色

20 与"图层5"的方法相同，进行加深减淡、色相/饱和度处理，如图2-205所示。

图2-205　加深减淡修饰

21 复制"图层8"，并将副本图像移动到合适的位置，如图2-206所示。

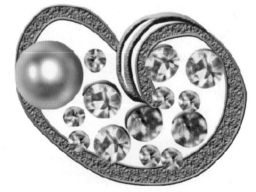

图2-206　复制图像

22 新建"图层9"，单击"钢笔工具" ✐，绘制路径，按Ctrl+Enter键将路径作为选区载入并填充颜色，如图2-207所示。

图2-207　填充颜色

23 单击图层面板下方的"添加图层样式"按钮 fx,，在下拉菜单中选择"斜面和浮雕"命令，设置参数，效果如图2-208所示。

图2-208　图层样式效果

24 复制"图层5"和"图层8"，并将副本图像移动到合适的位置，如图2-209所示。

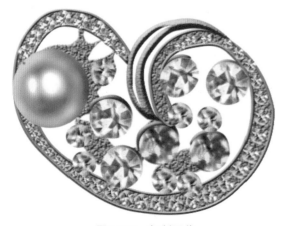

图2-209　复制图像

25 单击"加深工具" ◉，设置画笔类型为粉笔30像素，范围为高光，曝光度为44%。单击"减淡工具" ◉，设置画笔类型为粉笔50像素，范围为高光，曝光度为30%，对图像进行修饰，效果如图2-210所示。

图2-210　加深减淡修饰

26 使用"加深工具" ◉和"减淡工具" ◉对"图层1"进行修饰，修饰后的效果如图2-211所示。

图2-211　加深减淡修饰

27 新建"图层10"，单击"钢笔工具" ✐，绘制路径，按Ctrl+Enter键将路径作为选区载入并填充颜色，如图2-212所示。

图2-212　填充颜色

服装设计与Photoshop

第2章

28 单击图层面板下方的"添加图层样式"按钮 *fx.*，在下拉菜单中选择"斜面和浮雕"命令，设置参数对话框如图2-213所示。得到效果如图2-214所示。

29 打开随书光盘素材文件夹中名为2.3.4.jpg的素材图像，将此图像拖曳至文件中，得到最终效果如图2-215所示。

图2-214　图层样式效果

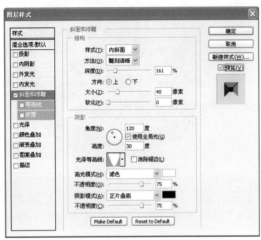

图2-213　斜面和浮雕设置

图2-215　最终效果

第3章

服装的局部表现技法

3.1 | 领、袖布褶的表现

衣褶表现是服装画中不可缺少的重要部分。大量练习可提高对服装褶皱的处理能力。衣褶是表现服装动态美的主要方法，如图3-1所示。

图3-1 领、袖布褶表现

3.2 | 裙、裤布褶的表现

　　裙、裤的褶皱表现要根据服装是否贴身、裙摆大小等，选择不同的处理方法。紧身裙子和裤子必须根据人体扭转动态，画出由运动产生的褶皱，如图3-2所示。

图3-2　裙、裤布褶表现

3.3 | 领口、袖口的表现

领口、袖口的表现如图3-3和图3-4所示。

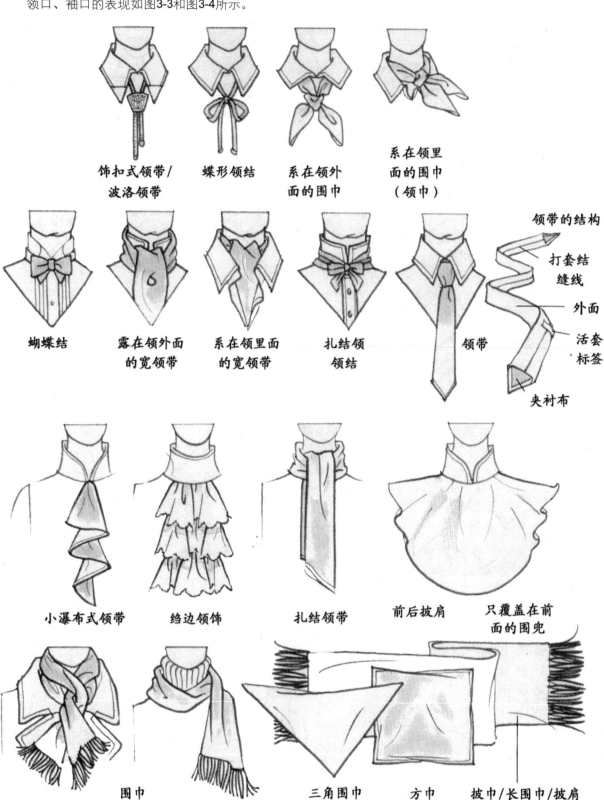

饰扣式领带/ 波洛领带

蝶形领结

系在领外 面的围巾

系在领里 面的围巾 （领巾）

蝴蝶结

露在领外面 的宽领带

系在领里面 的宽领带

扎结领 领结

领带

领带的结构

打套结

缝线

外面

活套 标签

夹衬布

小瀑布式领带

绉边领饰

扎结领带

前后披肩

只覆盖在前 面的围兜

围巾

三角围巾

方巾

披巾/长围巾/披肩

图3-3　领口表现

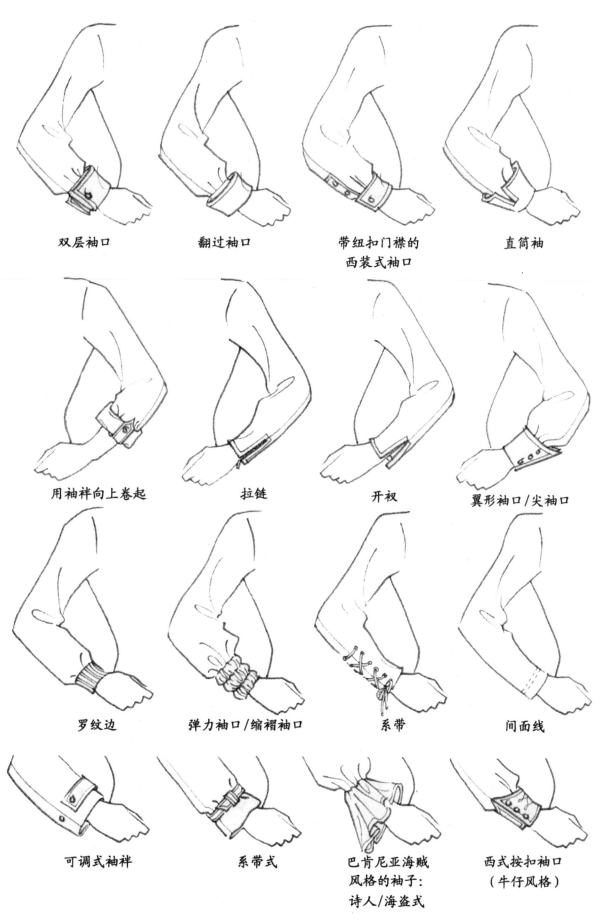

双层袖口　　　　　翻过袖口　　　　带纽扣门襟的　　　直筒袖
　　　　　　　　　　　　　　　　西装式袖口

用袖袢向上卷起　　　　拉链　　　　　　开衩　　　　翼形袖口/尖袖口

罗纹边　　　弹力袖口/缩褶袖口　　　　系带　　　　　间面线

可调式袖袢　　　　系带式　　　　巴肯尼亚海贼　　　西式按扣袖口
　　　　　　　　　　　　　　　　风格的袖子：　　　（牛仔风格）
　　　　　　　　　　　　　　　　诗人/海盗式

图3-4　袖口表现

3.4 | 腰节处细节的表现

腰节处细节的表现如图3-5所示。

闭合的褶

打开的塔克，
暗工字褶

提花垫纬凸纹绗
缝，通道拼接（有
时候会加衬垫物）

男装塔克，
内部有松褶

女装塔克，
外部有松褶

腰部拼块
（像一个下
垂的腰节）

腰褶裙
（腰部小的
荷叶边）

束带（有
时设计在
腰头里面）

松紧带束腰
（腰节处是特
别褶的面料）

嵌边，装
饰性边缘

腰带

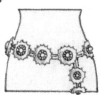
高卓人风情（皮
革奖章，配以金
属或硬币心）

美国印第安人
风情（金属、
石头或珠饰）

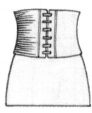
宽束腰带

牛仔/西部风情
（带有金属带扣/
环/头的皮革制品）

腰带搭在臀
部/低腰带

编织腰带（织网腰
带，金属扣带，根
据军用腰带改编）

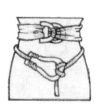
上面：D型
栓扣，下面：
马蹄形扣带

束腰（就像宽束
腰带那样，不过
有带子系着）

宽腰带（受
亚洲文化影
响改编而成）

布腰带（可以系
在背后，也可以
不系在背后）

腰耳

按扣

尼龙搭扣

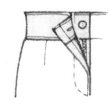
拉链式暗门襟

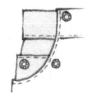
较大的是金属扣
眼，较小的是保
护缝合线的铆钉

图3-5　腰节处细节表现

3.5 | 各种面料的质感表现

3.5.1　森林迷彩面料

设计分析

本实例主要运用"添加杂色"命令制作面料的杂色图案，结合使用"晶格化"来加强面料的块状效果，再使用"中间值"和"波纹"命令制作森林迷彩面料的细节纹理。

最终效果文件：效果\3.5.1.psd
视频教学文件：第3章\3.5.1.avi

设计步骤

01 按Ctrl+N键，新建一个文件，弹出对话框并设置参数，如图3-6所示。

图3-6　新建文件

02 单击"拾色器工具"，设置前景色为#416c33，如图3-7所示。

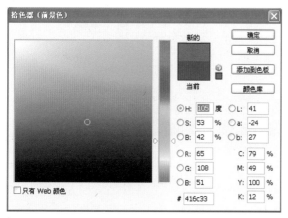

图3-7　设置前景色

03 单击"拾色器工具"，设置背景色为#c3bd89，如图3-8所示。

04 按Alt+Delete键将前景色填充到画面中，在菜单栏中选择"滤镜"|"杂色"|"添加杂色"命令，在弹出的对话框中设置参数，如图3-9所示。

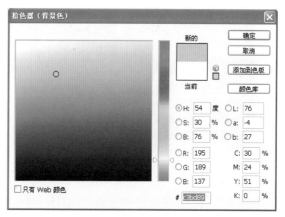

图3-8　设置背景色

图3-9　添加杂色设置

服装的局部表现技法

05 在菜单栏中选择"滤镜"|"像素化"|"晶格化"命令，在弹出的对话框中设置参数，如图3-10所示，效果如图3-11所示。

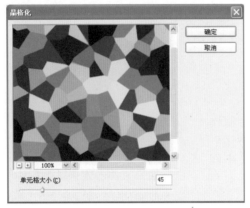

图3-10 晶格化设置

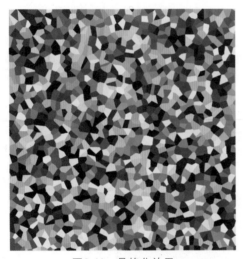

图3-11 晶格化效果

06 单击"魔棒工具" ✎，选择面料中颜色最浅的一块色块，然后在菜单栏中选择"选择"|"选取相似"命令，如图3-12所示。

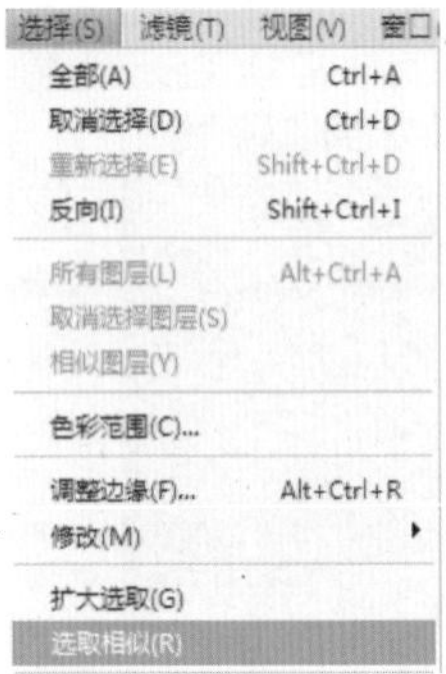

图3-13 设置颜色

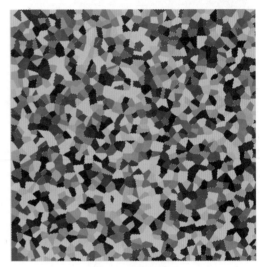

图3-14 填充颜色

09 单击"拾色器工具"，设置前景色为#183e1b，如图3-15所示。

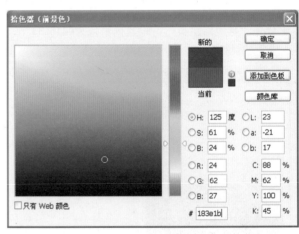

图3-12 选取相似命令

07 单击颜色面板，设置RGB分别为181、182和120，快速地选择相似颜色，如图3-13所示。

08 新建"图层1"，并按Alt+Delete键将前景色填充到"图层1"中，如图3-14所示。

图3-15 设置颜色

10 单击"魔棒工具" ✎，选择背景图层上的黑色色块，再在菜单栏中选择"选择"|"选取相似"命令。新建"图层2"，将重新设置的前景色填充到新创建的"图层2"中，如图3-16所示。

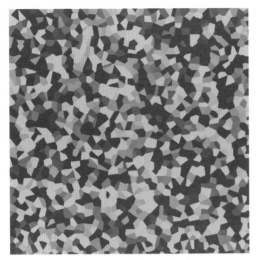

图3-16 填充颜色

11 在菜单栏中选择"滤镜"|"杂色"|"中间值"命令，在弹出的对话框中设置参数，如图3-17所示。

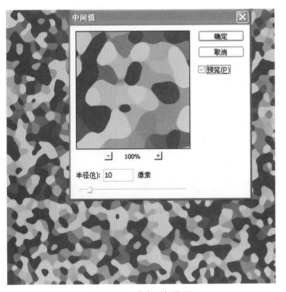

图3-17 中间值设置

12 在菜单栏中选择"滤镜"|"扭曲"|"波纹"命令，在弹出的对话框中设置数量为320%，如图3-18所示。单击"确定"按钮后，最终效果如图3-19所示。

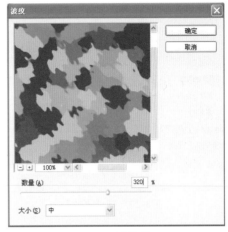

图3-18 波纹设置

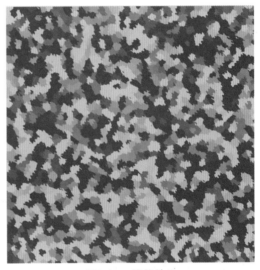

图3-19 最终效果

3.5.2 牛仔面料

设计分析

本实例主要运用"纹理化"命令制作面料的纹理效果，结合使用"USM锐化"来加强面料的纹理效果，使用"自定义图案"命令对面料进行图案填充，增加面料的纹理质感，再结合"加深工具"和"减淡工具"进行高光阴影处理，增强面料的厚重感。

最终效果文件：效果\3.5.2.psd

视频教学文件：第3章\3.5.2.avi

设计步骤

01 按Ctrl+N键，新建一个文件，弹出对话框并设置参数，如图3-20所示。

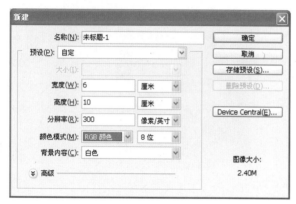

图3-20　新建文件

图3-21　填充颜色

02 新建"图层1"，单击颜色面板，设置RGB分别为45、47和122，按Alt+Delete键执行填充前景色命令，效果如图3-21所示。

03 在菜单栏中选择"滤镜"|"纹理"|"纹理化"命令，如图3-22所示。

04 在弹出的对话框中设置参数，如图3-23所示。单击"确定"按钮后，效果如图3-24所示。

图3-22　纹理化命令

图3-23　纹理化设置

图3-24　纹理化效果

05 在菜单栏中选择"滤镜"|"锐化"|"USM锐化"命令，如图3-25所示。

图3-25　USM锐化命令

06 在弹出的对话框中设置参数，如图3-26所示，效果如图3-27所示。

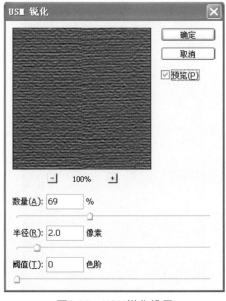

图3-26　USM锐化设置

图3-27　USM锐化效果

07 按Ctrl+F键4次执行"USM锐化滤镜"命令，得到效果如图3-28所示。

图3-28　USM锐化命令

08 在菜单栏中选择"图像"|"调整"|"曲线"命令，在弹出的对话框中设置输出为78，设置输入为54，如图3-29所示。单击"确定"按钮后，效果如图3-30所示。

09 按Ctrl+N键，新建一个文件，弹出对话框并设置参数，如图3-31所示。

名流 **Photoshop** 服装设计表现技法完全剖析

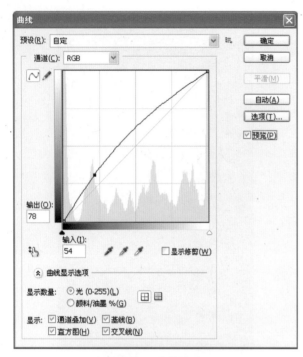

图3-29 曲线设置

图3-30 曲线效果

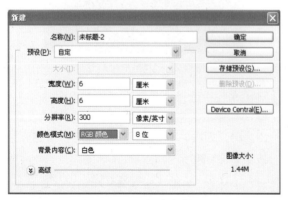

图3-31 新建文件

10 单击"矩形选框工具"□ ，绘制矩形，填充前景色，在菜单栏中选择"编辑"|"定义图案"命令，将绘制好的图案设置为自定义图案，如图3-32所示。

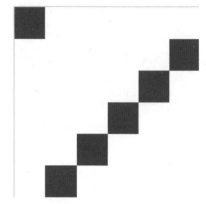

图3-32 自定义图案

11 在菜单栏中选择"编辑"|"填充"命令，在弹出的对话框中设置内容自定图案为刚才设置好的图案，设置混合模式为正片叠底，如图3-33所示。单击"确定"按钮后的效果如图3-34所示。

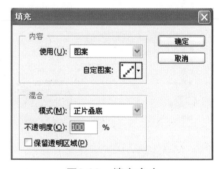

图3-33 填充命令

图3-34 填充效果

12 单击"加深工具" ，在加深工具选项栏中设置各项参数，如图3-35所示。

图3-35 加深工具设置

13 单击"减淡工具" 🔍，在减淡工具选项栏中设置各项参数，如图3-36所示。使用该工具修饰图像，最终效果如图3-37所示。

图3-36 减淡工具设置

图3-37 最终效果

3.5.3 豹皮面料

设计分析

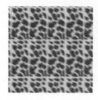

本实例主要运用"钢笔工具"绘制豹皮块状图案并填充颜色，结合使用"添加杂色"命令制作图案纹理效果，再使用"高斯模糊"和"动感模糊"来加强面料质感效果，体现出豹皮面料毛绒绒的感觉。

最终效果文件：效果\3.5.3.psd
视频教学文件：第3章\3.5.3.avi

设计步骤

01 按Ctrl+N键，新建一个文件，弹出对话框并设置参数，如图3-38所示。

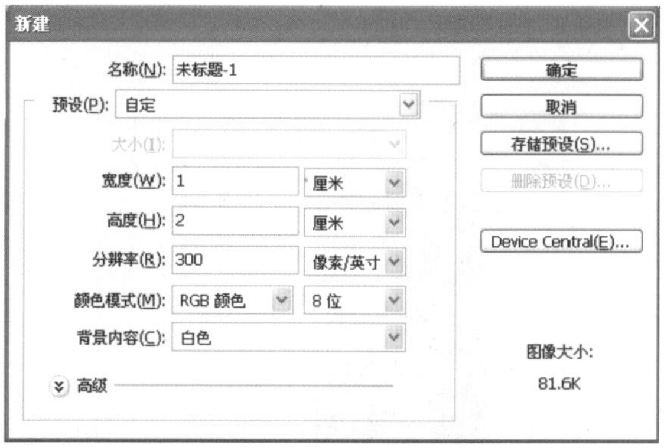

图3-38 新建文件

02 单击"钢笔工具" 📝，在画面中绘制路径，按Ctrl+Enter键将路径转换为选区，按Alt+Delete键填充前景色，效果如图3-39所示。

03 单击颜色面板，设置RGB分别为211、194和168，如图3-40所示。

04 按Alt+Delete键执行填充前景色命令，效果如图3-41所示。

图3-39 绘制图案

名流 Photoshop 服装设计表现技法完全剖析

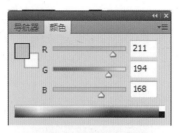

图3-40　设置颜色

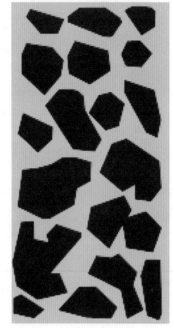

图3-41　填充颜色

05 在菜单栏中选择"滤镜"|"杂色"|"添加杂色"命令，在弹出的对话框中设置参数，如图3-42所示。

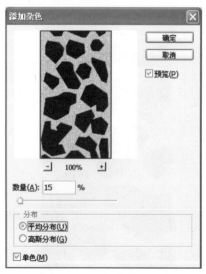

图3-42　添加杂色设置

06 在菜单栏中选择"滤镜"|"模糊"|"动感模糊"命令，在弹出的对话框中设置参数，如图3-43所示。单击"确定"按钮后，效果如图3-44所示。

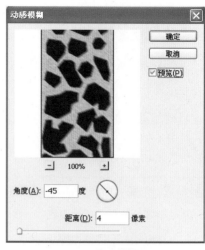

图3-43　动感模糊设置

图3-44　动感模糊效果

07 在菜单栏中选择"滤镜"|"杂色"|"添加杂色"命令，在弹出的对话框中设置参数，如图3-45所示。

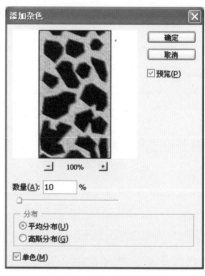

图3-45　添加杂色设置

08 在菜单栏中选择"滤镜"|"模糊"|"高斯模糊"
命令，在弹出的对话框中设置参数，如图3-46
所示。

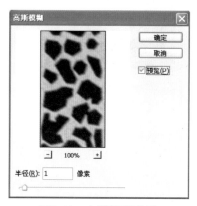

图3-46　高斯模糊设置

09 在菜单栏中选择"滤镜"|"杂色"|"添加杂色"
命令，在弹出的对话框中设置参数，如图3-47
所示。

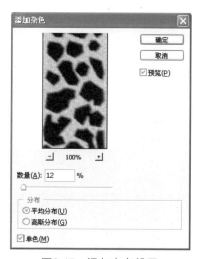

图3-47　添加杂色设置

10 在菜单栏中选择"滤镜"|"模糊"|"动感模糊"
命令，在弹出的对话框中设置参数，如图3-48
所示。

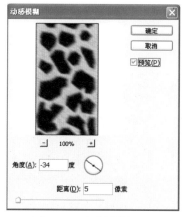

图3-48　动感模糊设置

11 在菜单栏中选择"滤镜"|"杂色"|"添加杂色"
命令，在弹出的对话框中设置参数，如图3-49
所示。

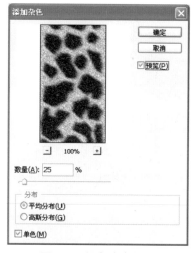

图3-49　添加杂色设置

12 在菜单栏中选择"滤镜"|"模糊"|"动感模
糊"命令，在弹出的对话框中设置参数，如图
3-50所示。单击"确定"按钮后，效果如图3-51
所示。在菜单栏中选择"编辑"|"定义图案"命
令，将制作好的豹皮图案保存到图案库中。

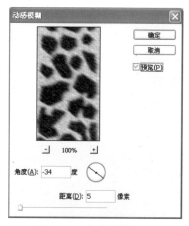

图3-50　动感模糊设置

图3-51　动感模糊效果

服装的局部表现技法

第3章

75

名流 Photoshop 服装设计表现技法完全剖析

13 按Ctrl+N键，新建一个文件，弹出对话框并设置参数，如图3-52所示。

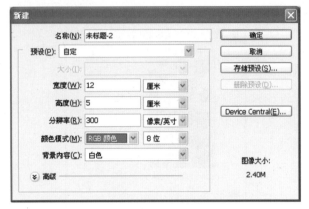

图3-52　新建文件

14 单击"油漆桶工具" ，将刚刚保存的豹皮图案填充到新文件中，如图3-53所示。

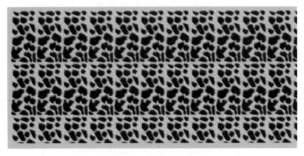

图3-53　填充图案

15 在菜单栏中选择"滤镜"|"杂色"|"添加杂色"命令，在弹出的对话框中设置参数，如图 3-54 所示。

16 在菜单栏中选择"滤镜"|"模糊"|"动感模糊"命令，在弹出的对话框中设置参数，如图 3-55 所示，单击"确定"按钮后，效果如图 3-56 所示。

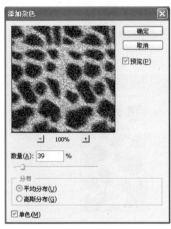

图3-54　添加杂色设置

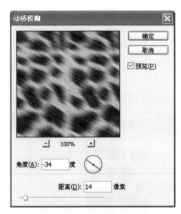

图3-55　动感模糊设置

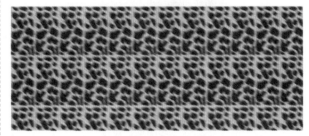

图3-56　最终效果

3.5.4　毛尼面料

设计分析

本实例主要运用"拼贴"、"碎片"命令制作面料的网格，体现布料的花纹图案，结合使用"最大化"命令加深网格图案，又使用"添加杂色"命令突出布料的质感，表现出毛尼面料毛绒绒的效果。

最终效果文件：效果\3.5.4.psd

视频教学文件：第3章\3.5.4.avi

01 按Ctrl+N键，新建一个文件，弹出对话框并设置参数，如图3-57所示。

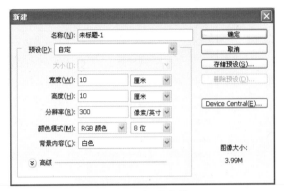

图3-57　新建文件

02 新建"图层1"，设置前景色RGB分别为242、107和19，按Alt+Delete键填充前景色，如图3-58所示。

图3-58　设置和填充颜色

03 在菜单栏中选择"滤镜"|"风格化"|"拼贴"命令，弹出对话框并设置参数，如图3-59所示。得到拼贴效果如图3-60所示。

图3-59　拼贴命令

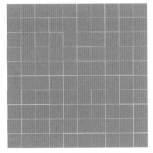

图3-60　拼贴效果

04 在菜单栏中选择"滤镜"|"像素化"|"碎片"命令，得到效果如图3-61所示。

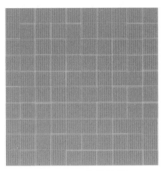

图3-61　碎片效果

05 在菜单栏中选择"滤镜"|"其它"|"最大值"命令，弹出对话框并设置参数，得到效果如图3-62所示。

图3-62　最大值效果

06 按Ctrl+T键将图像旋转45°，如图3-63所示。

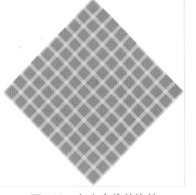

图3-63　自由变换并旋转

07 单击"裁剪工具" ⊿，按住Shift键，然后拖曳鼠标绘制一个正方形，按Enter键取消选择，如图3-64所示。

08 在菜单栏中选择"滤镜"|"杂色"|"添加杂色"命令，弹出对话框并设置参数，得到效果如图3-65所示。

服装的局部表现技法

第3章

名流 Photoshop 服装设计表现技法完全剖析

图3-64　裁剪

图3-65　添加杂色效果

09 在菜单栏中选择"滤镜"|"模糊"|"动感模糊"命令，弹出对话框并设置参数，得到效果如图 3-66 所示。

图3-66　动感模糊效果

10 再次在菜单栏中选择"滤镜"|"杂色"|"添加杂色"命令，弹出对话框并设置参数，得到效果如图3-67所示。

图3-67　添加杂色效果

11 在菜单栏中选择"滤镜"|"模糊"|"高斯模糊"命令，弹出对话框并设置参数如图 3-68 所示，得到效果如图 3-69 所示。

图3-68　高斯模糊命令

图3-69　高斯模糊效果

12 第三次在菜单栏中选择"滤镜"|"杂色"|"添加杂色"命令，弹出对话框并设置参数如图3-70所示。得到最终效果如图3-71所示。

图3-70　添加杂色命令

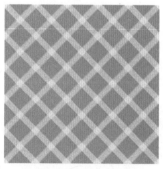

图3-71　最终效果

设计分析

本实例主要运用"自定形状工具"制作布料纹理的花纹图案，结合使用"纹理化"滤镜和"动感模糊"滤镜体现蜡染布料的质感，同时表现出蜡染布料凹凸不平的效果。

最终效果文件：效果\3.5.5.psd

视频教学文件：第3章\3.5.5.avi

设计步骤

01 按Ctrl+N键，新建一个文件，弹出对话框并设置参数，如图3-72所示。

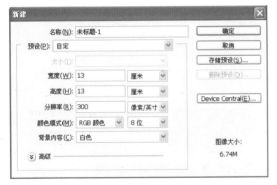

图3-72 新建文件

02 单击"自定形状工具" ，在自定形状工具选项栏中设置图案形状为花形装饰2，绘制路径图案，如图3-73所示。

图3-73 绘制路径

03 新建"图层1"，设置前景色，如图3-74所示。

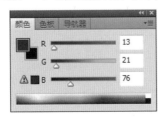

图3-74 设置颜色

04 背景色为白色，切换到路径面板中，单击路径面板底部的"用前景色填充路径"按钮 ，得到效果如图3-75所示。

图3-75 填充颜色

05 切换到图层面板中，单击图层面板底部的"创建新的填充或调整图层"按钮 ，在弹出的下拉菜单中选择"渐变映射"命令，设置渐变颜色为"由白色到黑色"，效果如图3-76所示。

图3-76 渐变映射效果

06 按Shift+Ctrl+E键合并可见图层。在菜单栏中选择"滤镜" | "纹理" | "纹理化"命令，弹出纹理化对话框并设置参数如图3-77所示。

服装的局部表现技法

第3章

图3-77　纹理化命令

07 拖曳"图层1"到图层面板底部的"创建新的图层"按钮 🔲 上,从而复制"图层1"。复制"图层1"后,改变"图层1副本"图层的混合模式为正片叠底,设置此图层的不透明度为70%,如图3-78所示。得到如图3-79所示效果。

图3-78　设置图层属性

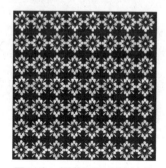

图3-79　调整图层属性效果

08 在菜单栏中选择"滤镜"|"模糊"|"动感模糊"命令,弹出对话框并设置参数,得到如图 3-80 所示效果。

图3-80　动感模糊效果

09 在菜单栏中选择"滤镜"|"纹理"|"纹理化"命令,弹出对话框并设置参数,如图 3-81 所示。得到最终效果如图 3-82 所示。

图3-82　最终效果

图3-81　纹理化命令

设计分析

本实例主要运用"矩形选框工具"来制作草编面料的纹理图案，还用"渐变工具"填充来体现草编面料编织的质感，结合使用"画笔工具"为草编面料绘制底面，突出立体感。

最终效果文件：效果\3.5.6.psd

视频教学文件：第3章\3.5.6.avi

设计步骤

01 按Ctrl+N键，新建一个文件，弹出对话框并设置参数，如图3-83所示。

02 单击"矩形选框工具" □，绘制出一个矩形选区，如图3-84所示。

图3-84　绘制矩形选区

03 在菜单栏中选择"选择"|"变换选区"命令，对其进行旋转，如图3-85所示。

图3-85　旋转选区

图3-83　新建文件

04 单击"拾色器工具"，设置前景色为#d7d2b9，如图3-86所示。

图3-86　设置前景色

05 设置背景色为#f8f6e6，如图3-87所示。

图3-87　设置背景色

06 单击工具箱中的"渐变工具"，设置渐变工具选项栏如图3-88所示，在选区内填充线性渐变，如图3-89所示。

图3-88　渐变工具的设置

图3-89　渐变填充

07 按住 Alt 键的同时，拖曳图形进行复制，复制第2排与第1排的方向相反，将第1排合并图层，复制放到第3排上，合并所有图层，如图3-90所示。

图3-90　复制并摆放

08 按 Ctrl+N 键，新建一个文件，弹出对话框并设置宽度为 20 像素，高度为 1.5 像素，分辨率为 300 像素，颜色模式为 RGB。单击工具箱中的"移动工具"，将前面绘制好的图形拖入到文件中，再进行复制，得到一个完整的画面，如图 3-91 所示。

图3-91　一条完整的草编条

09 单击"画笔工具"，设置画笔工具选项栏如图3-92所示。在画面底部绘出线段，如图3-93所示。

图3-92　画笔工具设置

图3-93　绘制线段

10 选择"图层1"，设置此图层的不透明度为70%，如图3-94所示。将制作好的草编条保存，利用图案填充的方法制作草编面料，如图3-95所示。

图3-94　设置图层不透明度

图3-95　最终效果

3.6 | 围巾的绘制

设计分析

本实例主要运用"钢笔工具"绘制围巾的大致轮廓,结合使用"加深工具"和"减淡工具"制作出深浅明暗效果,配合使用"画笔工具"和图层样式制作出穗边效果,体现出真丝围巾布料轻盈的特点。

原始素材文件:素材\3.6.1.jpg

视频教学文件:第3章\3.6.1.avi

最终效果文件:效果\3.6.1.psd

设计步骤

01 按Ctrl+N键,新建一个文件,弹出对话框并设置参数,如图3-96所示。

图3-96　新建文件

02 新建"图层1",单击"钢笔工具" ,绘制路径,设置RGB分别为249、246和241,填充颜色,如图3-97所示。

图3-97　绘制路径

03 新建"图层2",单击"钢笔工具" ,绘制路径,将路径作为选区载入并填充颜色,如图3-98所示。

图3-98　绘制路径

04 新建"图层3",绘制路径,填充颜色,如图3-99所示。

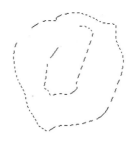

图3-99　绘制路径

05 绘制路径,按Shift+F6键执行羽化命令,设置羽化半径为2像素,在菜单栏中选择"图层"|"新建"|"通过拷贝的图层"命令,得到"图层4"。在菜单栏中选择"滤镜"|"杂色"|"添加杂色"命令,设置数量为17.95%,分布为高斯分布,设置单色,效果如图3-100所示。

服装的局部表现技法

第3章

名流 Photoshop 服装设计表现技法完全剖析

图3-100 添加杂色效果

06 通过拷贝的图层得到"图层5"，绘制路径，单击"加深工具" 🖉，对"图层4"进行加深处理，绘制路径，单击"减淡工具" 🔍，对图像进行修饰，如图3-101所示。

图3-101 加深减淡修饰

07 单击"加深工具" 🖉，设置画笔大小为150像素，范围为中间调，在"图层3"上进行加深处理，效果如图3-102所示。

图3-102 加深修饰

08 通过拷贝的图层得到"图层6"，在菜单栏中选择"滤镜" | "杂色" | "添加杂色"命令，设置数量为3%。单击"加深工具" 🖉和"减淡工具" 🔍，对"图层6"进行加深减淡处理，效果如图3-103所示。

09 新建两个图层，图层名称为"图层7"和"图层8"，绘制路径，单击"加深工具" 🖉，在选区内进行涂抹，效果如图3-104所示。

图3-103 加深减淡修饰

图3-104 加深修饰

10 在菜单栏中选择"滤镜" | "杂色" | "添加杂色"命令，设置数量为3%，绘制路径，如图3-105所示。

图3-105 绘制路径

11 按Shift+F6键执行羽化命令，设置羽化半径为10像素，单击"加深工具" 🖉，设置画笔大小为70像素，曝光度为11%，在选区内和"图层1"上进行加深处理，效果如图3-106所示。

图3-106 加深修饰

12 绘制路径，如图3-107所示。单击"加深工具" 🖉，设置画笔大小为70像素，范围为高光，曝光度为50%，在选区进行加深处理。

图3-107 绘制路径

13 单击"钢笔工具" ，绘制路径，如图3-108所示。

图3-108 绘制路径

14 单击"加深工具" ，设置曝光度为8%，在画面中涂抹，效果如图3-109所示。

图3-109 加深修饰

15 新键"图层9"，单击"钢笔工具" ，绘制路径，单击"画笔工具" ，设置画笔类型为柔边机械7像素，单击路径面板底部的"用画笔描边路径"按钮 ，单击"橡皮擦工具" ，设置画笔类型为柔边机械35像素，不透明度为70%，在"图层9"上进行擦除，效果如图3-110所示。

图3-110 画笔描边

16 单击图层面板下方的"添加图层样式"按钮 fx.，在下拉菜单中选择"斜面和浮雕"和"纹理"命令，设置参数如图3-111、图3-112所示，得到效果如图3-113所示。

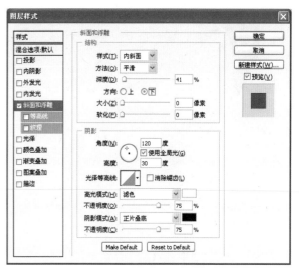

图3-111 斜面和浮雕设置

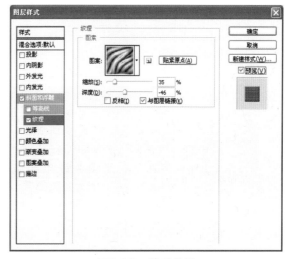

图3-112 纹理设置

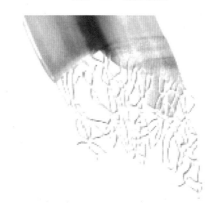

图3-113 图层样式效果

17 新键"图层10"，绘制方法与"图层9"相同，整体效果如图3-114所示。

服装的局部表现技法

第3章

85

18 打开随书光盘素材文件夹中名为3.6.1.jpg的素材图像，使用"移动工具" ➤ 将此图像拖入文件中，得到最终效果如图3-115所示。

图3-114　绘制路径

图3-115　最终效果

3.6.2　长条纱巾

设计分析

本实例主要运用"钢笔工具"绘制纱巾的轮廓，结合使用"点状化"和"查找边缘"命令制作出块状图案，使用"阈值"制作黑色线条描边，再结合"波浪"命令呈现波纹效果，使用"加深工具"和"减淡工具"绘制高光白色部分，体现出纱巾光滑质感。

原始素材文件：素材\3.6.2.jpg
视频教学文件：第3章\3.6.2.avi
最终效果文件：效果\3.6.2.psd

设计步骤

01 按Ctrl+N键，新建一个文件，弹出对话框并设置参数，如图3-116所示。

图3-116　新建文件

02 新建"图层1"，单击"钢笔工具" ✐，绘制路径，如图3-117所示。

图3-117　绘制路径

03 单击"画笔工具" ，设置画笔大小为7像素，画笔类型如图3-118所示。

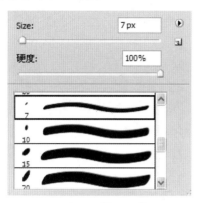

图3-118 设置画笔

04 将路径转换为选区，单击路径面板底部的"用画笔描边路径"按钮 ，描边路径，如图3-119所示。

图3-119 描边效果

05 新建"图层2"，将路径作为选区载入，设置RGB分别为253、224和234，填充颜色，如图3-120所示。

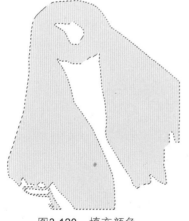

图3-120 填充颜色

06 新建"图层3"，设置RGB分别为250、223和232，填充颜色，在菜单栏中选择"滤镜"|"像

素化"|"点状化"命令，弹出对话框并设置单元格大小为102，应用后的效果如图3-121所示。

图3-121 点状化效果

07 在菜单栏中选择"滤镜"|"风格化"|"查找边缘"命令，效果如图3-122所示。

图3-122 查找边缘效果

08 在菜单栏中选择"滤镜"|"模糊"|"高斯模糊"命令，弹出对话框并设置半径为4.1像素，效果如图3-123所示。

图3-123 高斯模糊效果

服装的局部表现技法

第3章

09 在菜单栏中选择"图像"|"调整"|"阈值"命令，弹出对话框并设置阈值色阶为248，应用后的效果如图3-124所示。

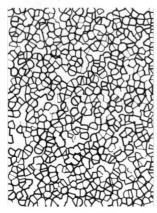

图3-124 阈值效果

10 设置前景色为黑色,在菜单栏中选择"滤镜"|"素描"|"图章"命令，弹出对话框并设置明/暗平衡为49，平滑度为12，应用后的效果如图3-125所示。

图3-125 图章效果

11 选择"图层3"，设置此图层的混合模式为变暗，在菜单栏中选择"滤镜"|"扭曲"|"波浪"命令，弹出对话框并设置参数，如图3-126所示。应用后的效果如图3-127所示。

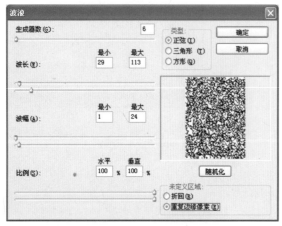

图3-126 波浪设置

图3-127 波浪效果

12 选择"图层3"，并载入"图层2"的选区，按Ctrl+Shift+I键将选区反选，再按Delete键删除多余部分，如图3-128所示。

图3-128 删除多余部分

13 在菜单栏中选择"滤镜"|"液化"命令，弹出对话框并设置参数，如图3-129所示。应用后的效果如图3-130所示。

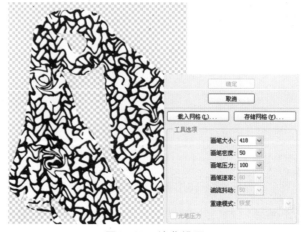

图3-129 液化设置

图3-130　液化效果

14 单击"减淡工具"🔍，设置画笔类型为半湿描油彩笔40像素，范围为中间调，曝光为24%，在画面中涂抹出亮部区域。改变曝光度为100%，再次涂抹亮部区域，单击"涂抹工具"💧，设置画笔类型为干毛巾画笔20像素，模式为变亮，强度为100%，在画面中涂抹，效果如图3-131所示。

图3-131　减淡涂抹修饰

15 单击图层面板下方的"添加图层样式"按钮 _fx._，在下拉菜单中选择"斜面和浮雕"命令，设置参数如图3-132所示。再选择"斜面和浮雕"下的"纹理"命令，设置参数如图3-133所示。

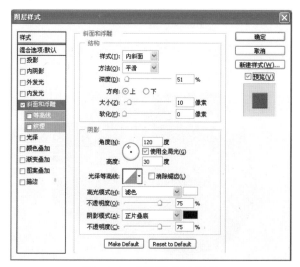

图3-132　斜面和浮雕设置

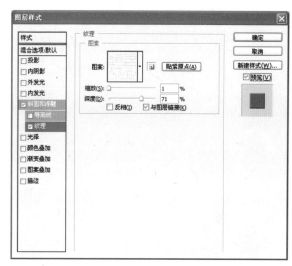

图3-133　纹理设置

16 应用后的效果如图3-134所示。打开随书光盘素材文件夹中名为3.6.2.jpg的素材图像，使用"移动工具"➕将此图像拖曳至文件中，最终效果如图3-135所示。

图3-134　图层样式效果

图3-135　最终效果

服装的局部表现技法

第3章

名流

服装设计表现技法完全剖析

3.7 | 帽子的绘制

3.7.1 贵妇人帽子

设计分析

本实例主要运用"钢笔工具"绘制帽子的大体轮廓，使用图层样式命令制作装饰物的立体效果，并结合"加深工具"进行阴影修饰，使用"减淡工具"和"涂抹工具"绘制出羽毛轻柔的效果，再结合"添加杂色"和"高斯模糊"滤镜命令，体现帽子的质感。

原始素材文件：素材\3.7.1.jpg
视频教学文件：第3章\3.7.1.avi
最终效果文件：效果\3.7.1.psd

设计步骤

01 按Ctrl+N键，新建一个文件，弹出对话框并设置参数，如图3-136所示。

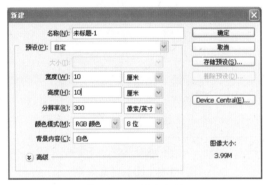

图3-136　新建文件

02 新建"图层1"，单击"钢笔工具" ✐，绘制路径，如图3-137所示。

图3-137　绘制路径

03 按Ctrl+Enter键将路径作为选区载入，在菜单栏中选择"选择" | "修改" | "羽化"命令，在弹出的

对话框中设置羽化值为1像素，设置前景色为深灰色，按Alt+Delete键填充前景色到选区内，如图3-138所示。

图3-138　填充前景色

04 新建"图层2"，单击"钢笔工具" ✐，绘制路径，如图3-139所示。

图3-139　绘制路径

05 按Ctrl+Enter键将路径作为选区载入，填充前景
色为黑色，单击图层面板下方的"添加图层样
式"按钮 **fx.**，在下拉菜单中选择"斜面和浮
雕"命令，设置参数对话框如图3-140所示。

图3-140　斜面和浮雕设置

06 新建"图层3"，单击"钢笔工具" ，绘制路
径，如图3-141所示。

图3-141　绘制路径

07 按Ctrl+Enter键将路径作为选区载入，并填充前
景色为灰色，按Alt+Delete键填充前景色到选区
内，如图3-142所示。

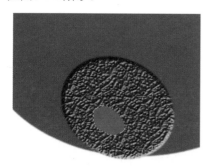

图3-142　填充前景色

08 单击"钢笔工具" ，绘制路径，如图 3-143 所示。

09 按Ctrl+Enter键将路径作为选区载入，单击"加
深工具" ，设置画笔类型为中至大头油彩笔
63像素，范围为中间调，曝光度为25%，在选区
内加深修饰，效果如图3-144所示。

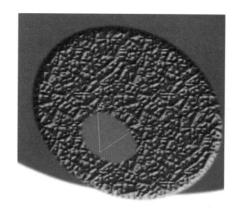

图3-143　绘制路径

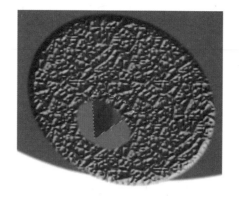

图3-144　加深修饰

10 单击"钢笔工具" ，绘制路径，按Ctrl+ Enter键
将路径作为选区载入，如图3-145所示。

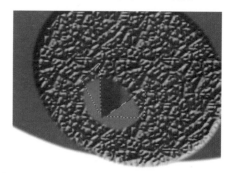

图3-145　绘制路径

11 单击"加深工具" ，设置曝光度为10%，在
选区内加深修饰，如图3-146所示。

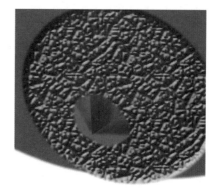

图3-146　加深修饰

⑫ 单击"画笔工具" 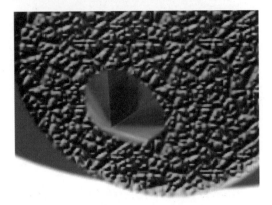，设置前景色为白色，在画面中涂抹出白色区域，如图3-147所示。

图3-147　涂抹白色区域

⑬ 新建"图层4"，单击"钢笔工具" ，绘制路径，如图3-148所示。

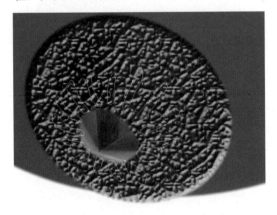

图3-148　绘制路径

⑭ 按Ctrl+Enter键将路径作为选区载入，填充前景色为黑色，按Alt+Delete键填充前景色到选区内，如图3-149所示。

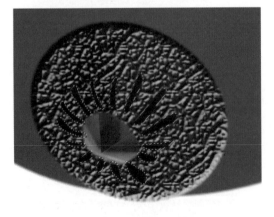

图3-149　填充前景色

⑮ 单击图层面板下方的"添加图层样式"按钮 fx.，在下拉菜单中选择"斜面和浮雕"命令，设置参数对话框如图3-150所示。

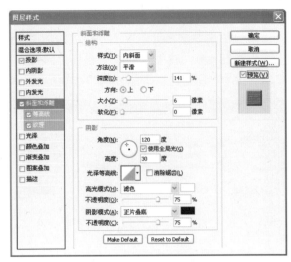

图3-150　斜面和浮雕设置

⑯ 单击"钢笔工具" ，绘制路径，如图3-151所示。

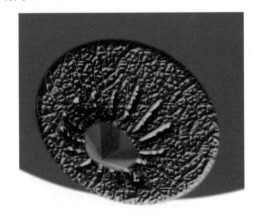

图3-151　绘制路径

⑰ 按Ctrl+Enter键将路径作为选区载入，填充前景色为黑色，单击图层面板下方的"添加图层样式"按钮 fx.，在下拉菜单中选择"斜面和浮雕"命令，设置参数对话框如图3-152所示。

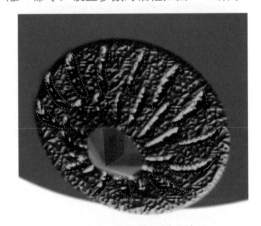

图3-152　添加图层样式效果

⑱ 新建"图层5"，单击"钢笔工具" ，绘制路径，如图3-153所示。

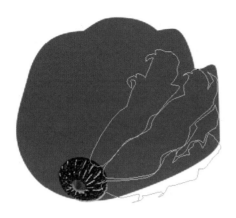

图3-153　绘制路径

19 按Ctrl+Enter键将路径作为选区载入，在菜单栏中选择"选择"｜"修改"｜"羽化"命令，在弹出的对话框中设置羽化值为1像素，设置前景色为黑色，按Alt+Delete键填充前景色到选区内，如图3-154所示。

图3-154　填充前景色

20 新建"图层6"，单击"钢笔工具" ，绘制路径，如图3-155所示。

图3-155　绘制路径

21 按Ctrl+Enter键将路径作为选区载入，在菜单栏中选择"选择"｜"修改"｜"羽化"命令，在弹出的对话框中设置羽化值为1像素，设置前景色为白色，按Alt+Delete键填充前景色到选区内，如图3-156所示。

图3-156　填充前景色

22 选择"图层5"，单击"减淡工具" ，设置画笔类型为飞溅40像素，范围为中间调，曝光为2%，对帽子上的羽毛进行减淡修饰，效果如图3-157所示。

图3-157　减淡修饰

23 单击"减淡工具" ，设置画笔类型为飞溅46像素，范围为高光，曝光为6%，再次对帽子上的羽毛进行减淡修饰，效果如图3-158所示。

图3-158　减淡修饰

24 单击"涂抹工具" ，设置画笔类型为飞溅59像素，强度为60%，对帽子上的羽毛进行涂抹修饰，效果如图3-159所示。

25 单击"加深工具" ，设置画笔类型为飞溅50像素，范围为高光，曝光度为54%，对帽子上的羽毛进行加深修饰，效果如图3-160所示。

26 在菜单栏中选择"滤镜"｜"杂色"｜"添加杂色"命令，在弹出的对话框中设置参数，如图3-161所示，效果如图3-162所示。

图3-159　涂抹修饰

图3-160　加深修饰

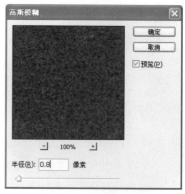

图3-163　高斯模糊设置

图3-164　高斯模糊效果

28 新建"图层7"，单击"钢笔工具" ，绘制路径，如图3-165所示。

图3-165　绘制路径

29 在菜单栏中选择"选择"|"修改"|"羽化"命令，在弹出的对话框中设置羽化值为5像素，单击"加深工具" ，设置画笔类型为超平滑圆形硬毛刷60像素，在画面中绘制加深效果。单击"减淡工具" ，设置画笔类型为飞溅90像素，范围为高光，曝光为7%，在画面中进行减淡修饰，效果如图3-166所示。

30 新建"图层8"，单击"钢笔工具" ，绘制路径，如图3-167所示。

图3-161　添加杂色设置

图3-162　添加杂色效果

27 在菜单栏中选择"滤镜"|"模糊"|"高斯模糊"命令，在弹出的对话框中设置参数，如图3-163所示。效果如图3-164所示。

图3-166　加深减淡修饰

图3-168　填充前景色

图3-167　绘制路径

31 在菜单栏中选择"选择"|"修改"|"羽化"命令，在弹出的对话框中设置羽化值为30像素，填充前景色，效果如图3-168所示。

32 打开随书光盘素材文件夹中名为3.7.1.jpg的素材图像，将此图像拖入文件中，得到最终效果如图3-169所示。

图3-169　最终效果

3.7.2　宽缘帽

设计分析

本实例主要运用"钢笔工具"绘制路径并填充颜色，使用图层样式命令制作帽子纹理质感，结合"加深工具"和"减淡工具"绘制帽子高光阴影，再结合"画笔工具"描边线条，体现出休闲、随意的特点。

原始素材文件：素材\3.7.2.jpg
视频教学文件：第3章\3.7.2.avi
最终效果文件：效果\3.7.2.psd

设计步骤

01 按Ctrl+N键，新建一个文件，弹出对话框并设置参数，如图3-170所示。

02 新建"图层1"，单击"钢笔工具" ，绘制路径，如图3-171所示。

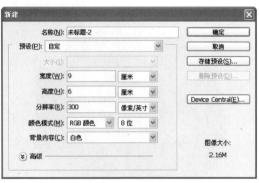

图3-170 新建文件

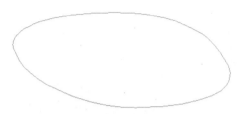

图3-171 绘制路径

03 按Ctrl+Enter键将路径作为选区载入，设置前景色为浅褐色，按Alt+Delete键填充前景色到选区内，单击图层面板下方"添加图层样式"按钮 **fx.**，在下拉菜单中选择"图案叠加"命令，设置参数对话框如图3-172所示。得到效果如图3-173所示。

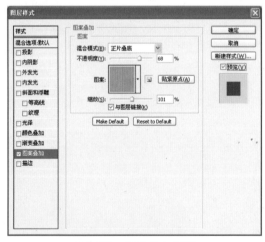

图3-172 图案叠加设置

图3-173 图层样式效果

04 新建"图层2"，单击"钢笔工具" ✐ ，绘制路径，如图3-174所示。

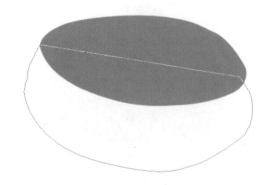

图3-174 绘制路径

05 按Ctrl+Enter键将路径作为选区载入，设置前景色为浅褐色。按Alt+Delete键填充前景色到选区内，如图3-175所示。

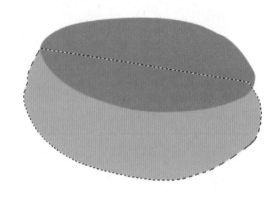

图3-175 填充前景色

06 选择"图层1"，在菜单栏中选择"图层" | "图层样式" | "拷贝图层样式"命令，选择"图层2"，在菜单栏中选择"图层" | "图层样式" | "粘贴图层样式"命令，效果如图3-176所示。

图3-176 拷贝图层样式

07 单击"减淡工具" ◕ ，设置画笔类型为柔边机械60像素，范围为高光，曝光为7%，对帽子顶部进行减淡修饰，效果如图3-177所示。

08 单击"钢笔工具" ✐ ，绘制路径，如图3-178所示。

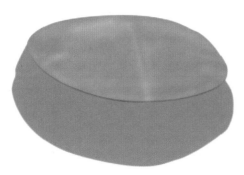

图3-177　减淡修饰

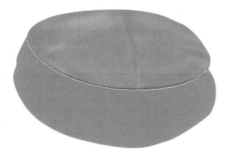

图3-178　绘制路径

09 按Ctrl+Enter键将路径作为选区载入，单击"减淡工具" 🔍，设置画笔类型为柔边机械5像素，对选区内进行减淡修饰，效果如图3-179所示。

图3-179　减淡修饰

10 新建"图层3"，单击"钢笔工具" ✐，绘制路径，如图3-180所示。

图3-180　绘制路径

11 按Ctrl+Enter键将路径作为选区载入，设置前景色为浅褐色。按Alt+Delete键填充前景色到选区内，如图3-181所示。

图3-181　填充前景色

12 在菜单栏中选择"图层"|"图层样式"|"粘贴图层样式"命令，效果如图3-182所示。

图3-182　粘贴图层样式

13 使用相同的方法，拷贝图层并减淡修饰，效果如图3-183所示。

图3-183　拷贝图层并修饰

14 新建"图层4"，单击"钢笔工具" ✐，绘制路径，如图3-184所示。

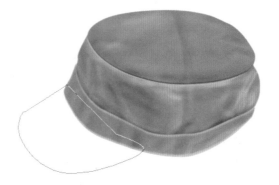

图3-184　绘制路径

15 按Ctrl+Enter键将路径作为选区载入，设置前景色为浅褐色，按Alt+Delete键填充前景色到选区内，如图3-185所示。

图3-185　填充前景色

16 新建"图层5"，单击"钢笔工具" ✍ ，绘制路径，如图3-186所示。

图3-186　绘制路径

17 设置前景色为浅褐色并填充，在菜单栏中选择"选择" | "修改" | "羽化"命令，在弹出的对话框中设置羽化值为1像素，单击"减淡工具" ◉ ，设置画笔类型为硬边机械50像素，对选区内进行减淡修饰，效果如图3-187所示。

图3-187　填充前景色并修饰

18 新建"图层6"，单击"钢笔工具" ✍ ，绘制路径并填充颜色，单击图层面板下方的"添加图层样式"按钮 *fx.* ，在下拉菜单中选择"斜面和浮雕"命令，设置参数对话框如图3-188所示。得到效果如图3-189所示。

19 单击"加深工具" ◉ 和"减淡工具" ◉ ，在画面中进行加深减淡修饰，效果如图3-190所示。

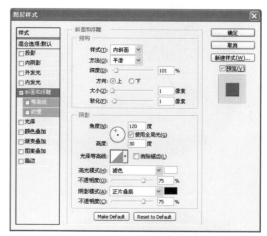

图3-188　斜面和浮雕设置

图3-189　图层样式效果

图3-190　加深减淡修饰

20 新建"图层7"，单击"钢笔工具" ✍ ，绘制路径，设置前景色为桔黄色，单击"画笔工具" ✍ ，单击路径面板底部的"用画笔描边路径"按钮 ◉ ，如图3-191所示。

图3-191　描边路径

21 单击图层面板下方的"添加图层样式"按钮 *fx.*，在下拉菜单中选择"斜面和浮雕"命令，设置参数对话框如图3-192所示。得到效果如图3-193所示。

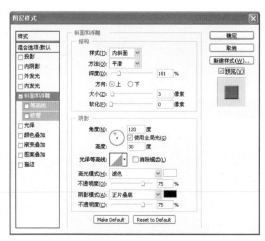

图3-192 斜面和浮雕设置

图3-193 图层样式效果

22 新建"图层8"，单击"钢笔工具" *✍*，绘制路径，按Ctrl+Enter键将路径作为选区载入，设置前景色为深灰色，按Alt+Delete键填充前景色到选区内，如图3-194所示。

图3-194 绘制路径并填充颜色

23 单击"减淡工具" *🔍*，设置画笔类型为中至大头油彩笔63像素，对选区内进行减淡修饰，效果如图3-195所示。

24 新建"图层9"，单击"钢笔工具" *✍*，绘制路径，如图3-196所示。

图3-195 减淡修饰

图3-196 绘制路径

25 设置前景色为黑色，单击"画笔工具" *✍*，单击路径面板底部的"用画笔描边路径"按钮 *◯*，如图3-197所示。

图3-197 描边路径

26 在菜单栏中选择"窗口"|"样式"命令，在弹出的样式对话框中选择合适的样式，效果如图3-198所示。

图3-198 添加样式效果

27 新建"图层10"，单击"钢笔工具" *✍*，绘制路径，如图3-199所示。

28 按Ctrl+Enter键将路径作为选区载入，在菜单栏中选择"选择"|"修改"|"羽化"命令，在弹出的对话框中设置羽化值为5像素，设置前景色为黑色，按Alt+Delete键填充前景色到选区内，效果如图3-200所示。

29 打开随书光盘素材文件夹中名为3.7.2.jpg的素材图像，将此图像拖曳至文件中，得到最终效果如图3-201所示。

图3-200　填充前景色

图3-199　绘制路径

图3-201　最终效果

3.8 | 腰带的绘制

3.8.1　淑女腰带

设计分析

本实例主要运用"钢笔工具"绘制腰带的轮廓，使用图层样式命令体现腰带的立体感，结合"加深工具"涂抹出阴影效果，表现暗部褶皱的质感，再结合"画笔工具"描边线条，体现出甜美、时尚的特点。

原始素材文件：素材\3.8.1.jpg
视频教学文件：第3章\3.8.1.avi
最终效果文件：效果\3.8.1.psd

设计步骤

01 按Ctrl+N键，新建一个文件，弹出对话框并设置参数，如图3-202所示。

02 新建"图层1"，单击"钢笔工具" ，绘制路径，如图3-203所示。

03 按Ctrl+Enter键将路径作为选区载入，设置前景色为桔红色，按Alt+Delete键填充前景色到选区内，如图3-204所示。

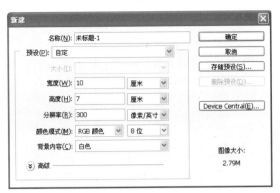

图3-202 新建文件

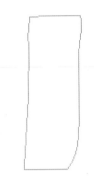

图3-203 绘制路径

图3-204 填充前景色

04 新建"图层2",单击"钢笔工具" ，绘制路径,如图3-205所示。

图3-205 绘制路径

05 设置和填充前景色,选择"图层1",单击图层面板下方的"添加图层样式"按钮 fx.,在下拉菜单中选择"斜面和浮雕"命令,设置参数对话框如图3-206所示。得到效果如图3-207所示。

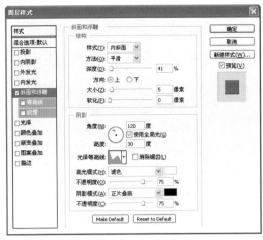

图3-206 斜面和浮雕设置

图3-207 图层样式效果

06 在菜单栏中选择"图层"|"图层样式"|"拷贝图层样式"命令,选择"图层2",在菜单栏中选择"图层"|"图层样式"|"粘贴图层样式"命令,效果如图3-208所示。

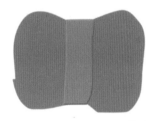

图3-208 拷贝图层样式

07 新建"图层3",单击"钢笔工具" ，绘制路径,设置和填充前景色,如图3-209所示。

图3-209 绘制路径并填充颜色

08 在菜单栏中选择"图层"|"图层样式"|"粘贴图层样式"命令,新建"图层4",单击"钢笔工具" ，绘制路径,设置和填充前景色,在菜单栏中选择"图层"|"图层样式"|"粘贴图层样式"命令,效果如图3-210所示。

服装的局部表现技法

第3章

101

名流
Photoshop
服装设计表现技法完全剖析

图3-210　绘制路径并填充颜色

09 选择"图层1"，单击"加深工具" ，设置画笔类型为超平滑圆形硬毛刷50像素，范围为中间调，曝光度为11%，对图像进行加深修饰，效果如图3-211所示。

图3-211　加深修饰

10 选择"图层2"，单击"钢笔工具" ，绘制路径，如图3-212所示。

图3-212　绘制路径

11 按Ctrl+Enter键将路径作为选区载入，在菜单栏中选择"选择"|"修改"|"羽化"命令，在弹出的对话框中设置羽化值为5像素，单击"加深工具" ，在选区内进行加深修饰，效果如图3-213所示。

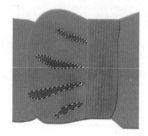

图3-213　加深修饰

12 单击"加深工具" ，设置画笔类型为超平滑圆形硬毛刷40像素，在画面中进行加深修饰，效果如图3-214所示。

图3-214　加深修饰

13 单击"钢笔工具" ，绘制路径，如图3-215所示。

图3-215　绘制路径

14 使用相同的方法，在画面中进行加深修饰，选择"图层3"，单击"钢笔工具" ，绘制路径，效果如图3-216所示。

图3-216　加深修饰并绘制路径

15 在菜单栏中选择"选择"|"修改"|"羽化"命令，在弹出的对话框中设置羽化值为5像素，单击"加深工具" ，在选区内进行加深修饰，效果如图3-217所示。

图3-217　加深修饰

16 使用相同的方法，在画面中进行加深修饰，效果如图3-218所示。

17 选择"图层4"，单击"钢笔工具" ，绘制路径，效果如图3-219所示。

图3-218　加深修饰

图3-219　绘制路径

18 按 Ctrl+Enter 键将路径作为选区载入，在菜单栏中选择"选择"|"修改"|"羽化"命令，在弹出的对话框中设置羽化值为5像素，如图3-220所示。

图3-220　将路径作为选区载入

19 单击"加深工具"，设置画笔类型为超平滑圆形硬毛刷60像素，范围为中间调，曝光度为11%，在选区内进行加深修饰，效果如图3-221所示。

图3-221　加深修饰

20 单击"加深工具"，设置画笔类型为超平滑圆形硬毛刷40像素，在画面中进行加深修饰，效果如图3-222所示。

图3-222　加深修饰

21 新建"图层5"，单击"钢笔工具"，绘制路径，如图3-223所示。

图3-223　绘制路径

22 单击"画笔工具"，设置画笔类型为柔边机械2像素，设置前景色为黑色，单击路径面板底部的"用画笔描边路径"按钮，如图3-224所示。

图3-224　描边路径

23 在菜单栏中选择"窗口"|"样式"命令，在弹出的样式对话框中选择合适的样式，效果如图3-225所示。

图3-225　添加样式效果

24 新建"图层6"，单击"钢笔工具"，绘制路径，如图3-226所示。

图3-226　绘制路径

25 单击"画笔工具"，设置画笔类型为柔边机械6像素，设置前景色为桔红色，单击路径面板底部的"用画笔描边路径"按钮，如图3-227所示。

图3-227　描边路径

26 新建"图层7"，单击"钢笔工具" ，绘制路径，如图3-228所示。

图3-228　绘制路径

27 按Ctrl+Enter键将路径作为选区载入，设置前景色为桔红色，按Alt+Delete键填充前景色到选区内，如图3-229所示。

图3-229　填充前景色

28 单击图层面板下方的"添加图层样式"按钮 fx.，在下拉菜单中选择"纹理"命令，设置参数对话框如图3-230所示。得到效果如图3-231所示。

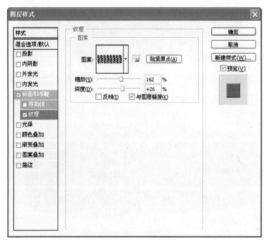

图3-230　纹理设置

图3-231　图层样式效果

29 新建"图层8"，单击"钢笔工具" ，绘制路径，填充颜色，如图3-232所示。

图3-232　绘制路径并填充颜色

30 单击图层面板下方的"添加图层样式"按钮 fx.，在下拉菜单中选择"斜面和浮雕"命令，设置参数对话框如图4-233所示。得到效果如图3-234所示。

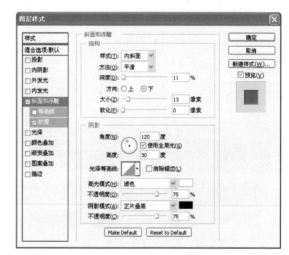

图3-233　斜面和浮雕设置

图3-234　图层样式效果

31 选择"图层6"，设置前景色为白色，单击"画笔工具" ，在画面中涂抹出高光效果，如图3-235所示。

32 选择"图层8"，设置前景色为黑色，单击"画笔工具" ，在画面中涂抹出阴影效果，如图3-236所示。

图3-235　涂抹出高光效果

图3-236　涂抹出阴影效果

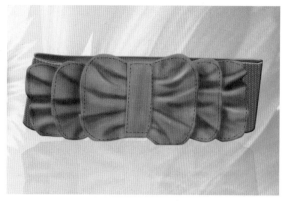

33 打开随书光盘素材文件夹中名为**3.8.1.jpg**的素材图像，将此图像拖曳至文件中，得到最终效果如图3-237所示。

图3-237　最终效果

3.8.2　金属腰带

设计分析

本实例主要运用"钢笔工具"绘制腰带大致轮廓并填充颜色，使用"加深工具"和"减淡工具"涂抹出高光阴影效果，再添加亮钻加以装饰，体现出金属腰带的亮光质感，同时表现出腰带的坚实和厚重。

原始素材文件：素材\3.8.2.jpg
视频教学文件：第3章\3.8.2.avi
最终效果文件：效果\3.8.2.psd

设计步骤

01 按Ctrl+N键，新建一个文件，弹出对话框并设置参数，如图3-238所示。

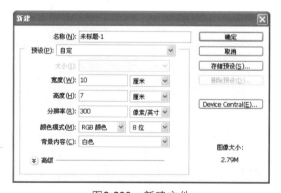

图3-238　新建文件

02 新建"图层1"，单击"钢笔工具"，绘制路径，如图3-239所示。

03 按Ctrl+Enter键将路径作为选区载入，在菜单栏中选择"选择"|"修改"|"羽化"命令，在弹出的对话框中设置羽化值为1像素，设置前景色为黑色，按Alt+Delete键填充前景色到选区内，如图3-240所示。

图3-239　绘制路径

图3-240　填充前景色

名流

Photoshop

服装设计表现技法完全剖析

04 新建"图层2"，单击"钢笔工具" ，绘制路径，如图3-241所示。

图3-241 绘制路径

05 设置和填充前景色，新建"图层3"，单击"钢笔工具" ，绘制路径，如图3-242所示。

图3-242 填充前景色并绘制路径

06 按Ctrl+Enter键将路径作为选区载入，在菜单栏中选择"选择"|"修改"|"羽化"命令，在弹出的对话框中设置羽化值为1像素，设置前景色为黑色，按Alt+Delete键填充前景色到选区内，如图3-243所示。

图3-243 填充前景色

07 新建"图层4"，单击"钢笔工具" ，绘制路径，如图3-244所示。

图3-244 绘制路径

08 按Ctrl+Enter键将路径作为选区载入，在菜单栏中选择"选择"|"修改"|"羽化"命令，在弹出的对话框中设置羽化值为1像素，设置前景色为灰色，按Alt+Delete键填充前景色到选区内，如图3-245所示。

图3-245 填充前景色

09 单击"加深工具" ，设置画笔类型为中至大头油彩笔80像素，范围为中间调，曝光度为11%，在画面中进行加深修饰，效果如图3-246所示。

图3-246 加深修饰

10 新建"图层5"，单击"钢笔工具" ，绘制路径，如图3-247所示。

图3-247 绘制路径

11 按Ctrl+Enter键将路径作为选区载入，设置前景色为深灰色，按Alt+Delete键填充前景色到选区内，如图3-248所示。

图3-248 填充前景色

12 新建"图层6",单击"钢笔工具" ,绘制路
径,如图3-249所示。

图3-249　绘制路径

13 按Ctrl+Enter键将路径作为选区载入,设置前景
色为浅灰色,按Alt+Delete键填充前景色到选区
内,如图3-250所示。

图3-250　填充前景色

14 单击"减淡工具" ,设置画笔类型为中至大
头油彩笔30像素,范围为高光,曝光为4%,对
选区内进行减淡修饰,效果如图3-251所示。

图3-251　减淡修饰

15 新建"图层7",单击"钢笔工具" ,绘制路
径,如图3-252所示。

图3-252　绘制路径

16 按Ctrl+Enter键将路径作为选区载入,设置前景
色为浅灰色,按Alt+Delete键填充前景色到选区
内,如图3-253所示。

图3-253　填充前景色

17 单击图层面板下方的"添加图层样式"按钮 fx,,
在下拉菜单中选择"斜面和浮雕"命令,设置
参数对话框如图3-254所示。得到效果如图3-255
所示。

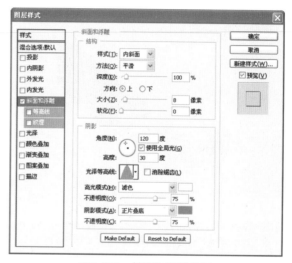

图3-254　斜面和浮雕设置

图3-255　图层样式效果

18 选择"图层5",单击"加深工具" ,设置
曝光度为5%,在画面中进行加深修饰,效果
如图3-256所示。

图3-256　加深修饰

服装的局部表现技法

第3章

107

19 单击"减淡工具" 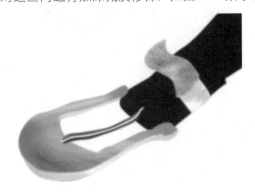，设置画笔类型为中至大头油彩笔60像素，在画面中进行减淡修饰，效果如图3-257所示。

图3-257　减淡修饰

20 新建"图层8"，单击"钢笔工具" ，绘制路径，如图3-258所示。

图3-258　绘制路径

21 按Ctrl+Enter键将路径作为选区载入，设置前景色为浅灰色，按Alt+Delete键填充前景色到选区内，如图3-259所示。

图3-259　填充前景色

22 单击"加深工具" 和"减淡工具" ，对选区内进行加深减淡修饰，新建"图层9"，单击"钢笔工具" ，绘制路径，如图3-260所示。

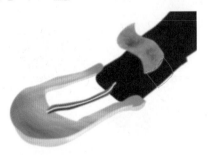

图3-260　加深减淡修饰

23 按Ctrl+Enter键将路径作为选区载入，设置前景色为浅灰色，按Alt+Delete键填充前景色到选区内，单击"加深工具" 和"减淡工具" ，对选区内进行加深减淡修饰，如图3-261所示。

图3-261　加深减淡修饰

24 新建"图层10"，单击"椭圆工具" ，绘制椭圆，如图3-262所示。

图3-262　绘制椭圆

25 按Ctrl+Enter键将路径作为选区载入，在菜单栏中选择"选择"|"修改"|"羽化"命令，在弹出的对话框中设置羽化值为1像素，设置前景色为浅灰色，按Alt+Delete键填充前景色到选区内，如图3-263所示。

图3-263　填充前景色

26 单击"加深工具" ，设置画笔类型为中至大头油彩笔8像素，范围为中间调，曝光度为32%，单击"减淡工具" ，设置画笔类型为中至大头油彩笔9像素，范围为高光，曝光度为36%，在选区内进行加深减淡修饰，效果如图3-264所示。

图3-264　加深减淡修饰

27 复制"图层10",将副本图像摆放到合适的位置,如图3-265所示。

图3-265　复制图像

28 选择"图层5",单击"钢笔工具" ✐,绘制路径,如图3-266所示。

图3-266　绘制路径

29 按Ctrl+Enter键将路径作为选区载入,单击"减淡工具" 🔍,对选区内进行减淡修饰,如图3-267所示。

图3-267　减淡修饰

30 再次复制"图层10",将副本图像摆放到合适的位置,如图3-268所示。

图3-268　复制图像

31 选择"图层1",单击"钢笔工具" ✐,绘制路径,如图3-269所示。

图3-269　绘制路径

32 按Ctrl+Enter键将路径作为选区载入,在菜单栏中选择"选择"|"修改"|"羽化"命令,在弹出的对话框中设置羽化值为1像素,单击"减淡工具" 🔍,设置画笔类型为中至大头油彩笔70像素,范围为高光,曝光度为18%,在选区内进行减淡修饰,效果如图3-270所示。

图3-270　减淡修饰

33 新建"图层11",单击"椭圆工具" ⬭,绘制椭圆,如图3-271所示。

图3-271　绘制椭圆

34 按Ctrl+Enter键将路径作为选区载入,设置前景色为深灰色,按Alt+Delete键填充前景色到选区内,如图3-272所示。

图3-272　填充前景色

服装的局部表现技法

名流 Photoshop

服装设计表现技法完全剖析

35 单击"减淡工具" ，在选区内进行减淡修饰，效果如图3-273所示。

图3-273　减淡修饰

36 单击"加深工具" 🖤，在选区内进行加深修饰，效果如图3-274所示。

图3-274　加深修饰

37 复制"图层11"，将副本图像摆放到合适的位置，如图3-275所示。

图3-275　复制图像

38 新建"图层12"，单击"钢笔工具" ✐，绘制路径，如图3-276所示。

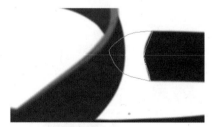

图3-276　绘制路径

39 按Ctrl+Enter键将路径作为选区载入，设置前景色为浅褐色，按Alt+Delete键填充前景色到选区内，如图3-277所示。

图3-277　填充前景色

40 单击"加深工具" 🖤，设置画笔类型为中至大头油彩笔36像素，范围为中间调，曝光度为32%，在选区内进行加深修饰，效果如图3-278所示。

图3-278　加深修饰

41 单击"减淡工具" 🔍，设置画笔类型为中至大头油彩笔40像素，范围为高光，曝光度为22%，在选区内进行减淡修饰，效果如图3-279所示。

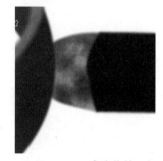

图3-279　减淡修饰

42 单击"钢笔工具" ✐，绘制路径，如图3-280所示。

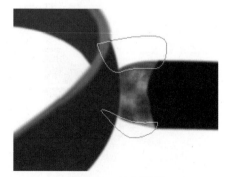

图3-280　绘制路径

43 按Ctrl+Enter键将路径作为选区载入，在菜单栏中选择"选择"|"修改"|"羽化"命令，在弹出的对话框中设置羽化值为2像素，单击"减淡工具" 🔍，在选区内进行减淡修饰，效果如图3-281所示。

图3-281　减淡修饰

44 新建"图层13"，单击"椭圆工具" ⬭，绘制椭圆，如图3-282所示。

图3-282　绘制椭圆

45 在菜单栏中选择"选择"|"修改"|"羽化"命令，在弹出的对话框中设置羽化值为1像素，设置和填充浅灰色，单击"加深工具" ✋，设置画笔类型为中至大头油彩笔5像素，范围为中间调，曝光度为60%，在选区内进行加深修饰，效果如图3-283所示。

图3-283　加深修饰

46 单击"减淡工具" 🔍，设置画笔类型为中至大头油彩笔6像素，范围为高光，曝光度为49%，在选区内进行减淡修饰，效果如图3-284所示。

图3-284　减淡修饰

47 复制"图层13"，将副本图像摆放到合适的位置，效果如图3-285所示。

图3-285　复制图像

48 再次复制"图层13"，将副本图像摆放到合适的位置，效果如图3-286所示。

图3-286　复制图像

49 新建"图层14"，单击"椭圆工具" ⬭，绘制椭圆，如图3-287所示。

图3-287　绘制椭圆

50 按Ctrl+Enter键将路径作为选区载入，设置前景色为浅粉色，按Alt+Delete键填充前景色到选区内，如图3-288所示。

图3-288　填充前景色

名流 Photoshop 服装设计表现技法完全剖析

51 单击"加深工具" ，设置画笔类型为中至大头油彩笔8像素，单击"减淡工具" ，设置画笔类型为中至大头油彩笔20像素，在选区内进行加深减淡修饰，效果如图3-289所示。

图3-289 加深减淡修饰

52 复制"图层14"，将副本图像摆放到合适的位置，如图3-290所示。

图3-290 复制图像

53 再次复制"图层14"，将副本图像摆放到合适的位置，如图3-291所示。

图3-291 复制图像

54 再次复制"图层13"，将副本图像摆放到合适的位置，如图3-292所示。

图3-292 复制图像

55 打开随书光盘素材文件夹中名为3.8.2.jpg的素材图像，将此图像拖曳至文件中，得到最终效果如图3-293所示。

图3-293 最终效果

第4章

服装的综合表现技法

4.1 | 水墨彩色技法——动感套装

设计分析

水墨彩色一般指用水和彩色墨所作的画。由墨色的焦、浓、重、淡、清产生丰富的变化，表现物象，有独到的艺术效果。本实例主要运用"画笔工具"涂抹出衣服和整体的效果，结合使用"钢笔工具"为套装绘制大体轮廓，再结合"涂抹工具"制作出头发自然流畅的效果。

原始素材文件：素材\4.1.jpg

视频教学文件：第4章\4.1.avi

最终效果文件：效果\4.1.psd

设计步骤

01 按Ctrl+N键，新建一个文件，弹出对话框并设置参数，如图4-1所示。

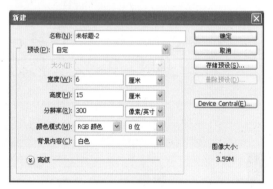

图4-1 新建文件

02 新建"图层1"，单击"钢笔工具" ，绘制路径，如图4-2所示。

图4-2 绘制路径

03 创建新图层组"组1"，新建"图层2"，单击"画笔工具" ，设置画笔类型为硬边机械3像素，单击路径面板底部的"用画笔描边路径"按钮 ，如图4-3所示。

图4-3 描边路径

04 新建"图层3"，单击"画笔工具" ，设置画笔类型为软油彩蜡笔36像素，设置前景色为95、40和20，如图4-4所示。

图4-4 画笔绘制

05 新建"图层4",设置前景色为30、1和5,单击"画笔工具" ✐,在画面中涂抹出头发的阴影效果,如图4-5所示。

图4-5　画笔绘制

06 新建"图层5",设置前景色为216、83和74,单击"画笔工具" ✐,在画面中绘制。单击"涂抹工具" ✐,在画面中涂抹,效果如图4-6所示。

图4-6　画笔绘制

07 新建"图层6",设置前景色为252、230和212,单击"画笔工具" ✐,在画面中涂抹出人物的肤色,效果如图4-7所示。

图4-7　画笔绘制

08 单击"加深工具" ✐,设置画笔类型为软油彩蜡笔20像素,范围为中间调,曝光度为20%,在画面中进行加深修饰,效果如图4-8所示。

图4-8　加深修饰

09 新建"图层7",单击"画笔工具" ✐,在画面中绘制人物脸部表情,效果如图4-9所示。

图4-9　画笔绘制

10 创建新图层组"组2",新建"图层8",单击"画笔工具" ✐,设置画笔类型为炭屑纸13像素,设置前景色为255、101和83,如图4-10所示。

图4-10　画笔绘制

11 新建"图层9",单击"画笔工具" ✐,设置画笔类型为肩平炭笔28像素,不透明度和流量为60%,对人物衣服进行涂抹,单击"加深工具" ✐,设置画笔类型为粗头水彩笔50像素,范围为中间调,曝光度为20%,进行加深修饰,如图4-11所示。

图4-11　加深修饰

服装的综合表现技法

名流 Photoshop 服装设计表现技法完全剖析

12 新建"图层10"，单击"画笔工具" ✐，使用相同的方法绘制深色衣物，效果如图4-12所示。

图4-12　画笔绘制

13 新建"图层11"，单击"画笔工具" ✐，在画面中涂抹出衣服底部的线条，如图4-13所示。

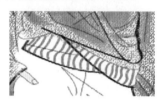

图4-13　绘制线条

14 创建新图层组"组3"，新建"图层12"，设置前景色为168、64和63，单击"画笔工具" ✐，设置画笔类型为炭精铅笔50像素，不透明度和流量为80%，在画面中涂抹人物裤子上的颜色，效果如图4-14所示。

图4-14　画笔绘制

15 新建"图层13"，单击"画笔工具" ✐，在画面中涂抹人物腿部的颜色，效果如图4-15所示。

16 新建"图层14"，使用同样的方法涂抹鞋子，效果如图4-16所示。

17 打开随书光盘素材文件夹中名为4.1.jpg的素材图像，将此图像拖曳至文件中，得到最终效果如图4-17所示。

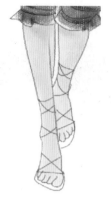

图4-15　画笔绘制

图4-16　画笔绘制

图4-17　最终效果

4.2 | 水彩色技法——女士时尚小衫

设计分析

水彩是用水分的多少来控制色彩的轻淡与浓重，水彩颜料具有鲜艳、透明的特点。水彩表现由于水彩的性质可反复加深处理，所以水彩可以表现细腻的转折，由亮到暗平缓过度的效果。本实例主要运用"钢笔工具"绘制衣服的大体轮廓并填充颜色，结合使用"加深工具"和"减淡工具"调节服装的明暗，同时添加"水彩"滤镜制作出服装的水彩效果。

原始素材文件：素材\4.2.jpg
视频教学文件：第4章\4.2.avi
最终效果文件：效果\4.2.psd

设计步骤

01 按Ctrl+N键，新建一个文件，弹出对话框并设置参数，如图4-18所示。

图4-18　新建文件

02 新建"图层1"，单击"钢笔工具" ✐，绘制路径，如图4-19所示。

图4-19　绘制路径

03 创建新图层组"组1"，新建"图层2"，单击"画笔工具" ✏，设置画笔类型为硬边机械1像素，不透明度和流量为90%，单击路径面板底部的"用画笔描边路径"按钮 ⭕，如图4-20所示。

图4-20　描边路径

04 新建"图层3"，设置前景色为78、84和140，按Ctrl+Enter键将路径作为选区载入，单击"油漆桶工具" 🎨，在选区内单击鼠标右键，填充前景色到选区内，效果如图4-21所示。

服装的综合表现技法

第4章

117

名流 **Photoshop** 服装设计表现技法完全剖析

图4-21　填充前景色

05 单击"减淡工具" 🔍，设置画笔类型为粗头水彩笔33像素，范围为中间调，曝光为20%，对人物头发进行减淡修饰，效果如图4-22所示。

图4-22　减淡修饰

06 单击"加深工具" ⊘，设置画笔类型为粗头水彩笔17像素，范围为高光，曝光度为28%，对人物头发进行加深修饰，效果如图4-23所示。

图4-23　加深修饰

07 在菜单栏中选择"滤镜"|"艺术效果"|"水彩"命令，在弹出的对话框中设置参数，如图4-24所示，效果如图4-25所示。

08 新建"图层4"，设置前景色为217、128和65，使用同样的方法填充前景色到选区内，效果如图4-26所示。

09 单击"减淡工具" 🔍，设置画笔类型为粗头水彩笔69像素，范围为中间调，曝光为50%，对人物皮肤进行减淡修饰，效果如图4-27所示。

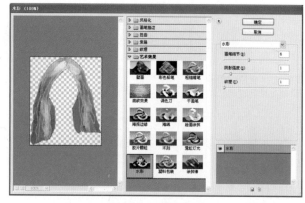

图4-24　水彩设置

图4-25　水彩效果

图4-26　填充前景色

图4-27　减淡修饰

[10] 在菜单栏中选择"滤镜"|"艺术效果"|"水彩"命令，在弹出的对话框中设置参数，如图4-28所示，效果如图4-29所示。

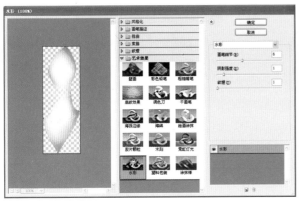

图4-28　水彩设置

图4-31　绘制路径

图4-29　水彩效果

[11] 单击"加深工具" ◎，对人物皮肤进行加深修饰，效果如图4-30所示。

图4-32　描边路径

[14] 单击"画笔工具" ✐，在画面中涂抹出人物的五官，效果如图4-33所示。

图4-30　加深修饰

[12] 新建"图层5"，单击"钢笔工具" ✐，绘制路径，如图4-31所示。

[13] 单击"画笔工具" ✐，单击路径面板底部的"用画笔描边路径"按钮 ○，如图4-32所示。

图4-33　绘制五官

[15] 创建新图层组"组1"，新建"图层6"，设置前景色为228、209和230，按Ctrl+Enter键将路径作为选区载入，单击"油漆桶工具" ▲，在选区内单击鼠标右键，填充前景色到选区内，效果如图4-34所示。

服装的综合表现技法

第4章

图4-34　填充前景色

16 单击"减淡工具"🔍，设置画笔类型为粗头水彩笔61像素，范围为中间调，曝光为50%，对人物衣服进行减淡修饰，效果如图4-35所示。

图4-35　减淡修饰

17 单击"加深工具"◎，对人物衣服进行加深修饰，效果如图4-36所示。

图4-36　加深修饰

18 在菜单栏中选择"滤镜"|"艺术效果"|"水彩"命令，在弹出的对话框中设置参数，如图4-37所示，效果如图4-38所示。

图4-37　水彩设置

图4-38　水彩效果

19 单击"画笔工具"✏，在画面中绘制出衣服的线条，效果如图4-39所示。

图4-39　绘制线条

20 新建"图层7"，单击"画笔工具" ，在画面中涂抹出人物胳膊和手的颜色，效果如图4-40所示。

图4-40　画笔涂抹

21 新建"图层8"，按Ctrl+Enter键将路径作为选区载入，单击"油漆桶工具" ，在选区内单击鼠标右键，填充前景色到选区内，效果如图4-41所示。

图4-41　填充前景色

22 单击"减淡工具" ，设置画笔类型为粗头水彩笔53像素，范围为中间调，曝光为85%，在画面中进行减淡修饰，效果如图4-42所示。

23 单击"加深工具" ，设置画笔类型为粗头水彩笔36像素，范围为中间调，曝光度为100%，在画面中进行加深修饰，效果如图4-43所示。

图4-42　减淡修饰

图4-43　加深修饰

24 在菜单栏中选择"滤镜"|"艺术效果"|"水彩"命令，在弹出的对话框中设置参数，如图4-44所示，效果如图4-45所示。

图4-44　水彩设置

名流 Photoshop 服装设计表现技法完全剖析

图4-45　水彩效果

25　单击"加深工具" 🖊，设置画笔类型为粗头水彩笔36像素，范围为中间调，曝光度为100%，单击"减淡工具" 🔍，设置画笔类型为粗头水彩笔53像素，范围为中间调，曝光为85%，在画面中进行减淡修饰，效果如图4-46所示。

图4-46　加深修饰

26　新建"图层9"，设置前景色为225、121和66，按Ctrl+Enter键将路径作为选区载入，单击"油漆桶工具" 🪣，在选区内单击鼠标右键，填充前景色到选区内，效果如图4-47所示。

图4-47　填充前景色

27　单击"减淡工具" 🔍，设置画笔类型为粗头水彩笔33像素，范围为中间调，曝光为20%，在画面中进行减淡修饰，效果如图4-48所示。

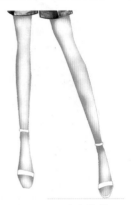

图4-48　减淡修饰

28　单击"加深工具" 🖊，在画面中进行加深修饰，效果如图4-49所示。

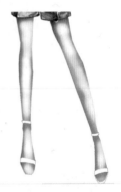

图4-49　加深修饰

29　在菜单栏中选择"滤镜"｜"艺术效果"｜"水彩"命令，在弹出的对话框中设置参数，如图4-50所示，效果如图4-51所示。

30　新建"图层10"，设置前景色为179、100和166，按Ctrl+Enter键将路径作为选区载入，单击"油漆桶工具" 🪣，在选区内单击鼠标右键，填充前景色到选区内，效果如图4-52所示。

图4-50　水彩设置

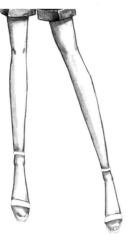

图4-51　水彩效果

图4-52　填充前景色

31 单击"减淡工具" ，设置画笔类型为粗头水彩笔53像素，范围为中间调，曝光为85%，在画面中进行减淡修饰，效果如图4-53所示。

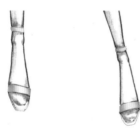

图4-53　减淡修饰

32 在菜单栏中选择"滤镜"|"艺术效果"|"水彩"命令，在弹出的对话框中设置参数，如图4-54所示，效果如图4-55所示。

图4-54　水彩设置

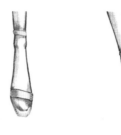

图4-55　水彩效果

33 单击"画笔工具" ，在画面中绘制出鞋子的线条，效果如图4-56所示。

图4-56　绘制线条

34 打开随书光盘素材文件夹中名为4.2.jpg的素材图像，将此图像拖曳至文件中，得到最终效果如图4-57所示。

图4-57　最终效果

名流 Photoshop 服装设计表现技法完全剖析

设计分析

透明水色即彩色墨水，其特点是色彩饱和度高，颜色鲜艳，透明度极好。透明水色可以把对象表现到极细致的程度，可以一次完成。服装画可多次使用一次完成。本实例主要运用"钢笔工具"绘制薄纱裙的大体轮廓并填充颜色，结合使用"画笔工具"绘制线条作装饰，同时添加头饰、项链和腰带为衣服整体增加美感和色彩。

原始素材文件：素材\4.3.jpg
视频教学文件：第4章\4.3.avi
最终效果文件：效果\4.3.psd

设计步骤

01 按Ctrl+N键，新建一个文件，弹出对话框并设置参数，如图4-58所示。

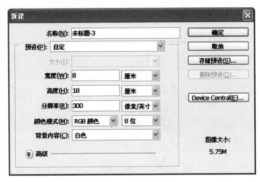

图4-58 新建文件

02 新建"图层1"，单击"钢笔工具" ，绘制路径，如图4-59所示。

图4-59 绘制路径

03 创建新图层组"组1"，新建"图层2"，单击"画笔工具" ，设置画笔类型为硬边机械3像素，单击路径面板底部的"用画笔描边路径"按钮 ，再设置图层混合模式为30%，如图4-60所示。

图4-60 描边路径

04 单击"钢笔工具" ，绘制人的脸部及脖子路径，按Ctrl+Enter键将路径转换为选区，按Alt+Delete键向选区内填充前景色，如图4-61所示。

图4-61　填充前景色

05 新建"图层3"，单击"钢笔工具" ，绘制人物头部及脖子路径，设置前景色为黑色，单击路径面板底部的"用画笔描边路径"按钮 ，如图4-62所示。

图4-62　描边路径

06 单击"加深工具" ，设置画笔类型为粗头水彩笔80像素，范围为中间调，曝光度为60%，单击"减淡工具" ，设置画笔类型为粗头水彩笔70像素，范围为高光，曝光为31%，对人物的脸部及脖子进行加深减淡修饰，效果如图4-63所示。

图4-63　加深减淡修饰

07 新建"图层4"，单击"钢笔工具" ，绘制人物头发路径，填充前景色，如图4-64所示。

图4-64　填充前景色

08 单击"加深工具" ，设置画笔类型为粗头水彩笔50像素，范围为阴影，曝光度为60%，对人物头发进行加深修饰，效果如图4-65所示。

图4-65　加深修饰

09 新建"图层5"，设置前景色为235、191和129，单击"画笔工具" ，设置画笔类型为柔边机械50像素，不透明度为95%，流量为77%，在脸部和颈部进行绘制，效果如图4-66所示。

图4-66　画笔绘制

10 新建"图层6"，单击"钢笔工具" ，绘制发带的路径，设置前景色为254、168和174，填充前景色，效果如图4-67所示。

名流 Photoshop 服装设计表现技法完全剖析

图4-67　填充前景色

11 单击图层面板下方的"添加图层样式"按钮 *fx.*，在下拉菜单中选择"投影"命令，设置参数对话框如图5-68所示。得到效果如图4-69所示。

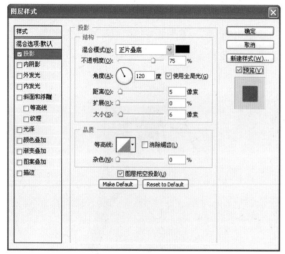

图4-68　投影设置

图4-69　图层样式效果

12 打开随书光盘素材文件夹中名为5.3（1）.jpg的素材图像，将此图像拖曳至文件中，将此图层命名为"素材1"，如图4-70所示。

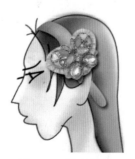

图4-70　载入素材

13 新建"图层7"，单击"钢笔工具" ，绘制路径，按Ctrl+Delete键将路径作为选区载入，单击"渐变工具" ，设置渐变颜色由粉红色到白色，在选区内填充渐变颜色，效果如图4-71所示。

图4-71　渐变样式效果

14 新建"图层8"，绘制路径并转换为选区，设置前景色为71、78和58，填充前景色，效果如图4-72所示。

图4-72　填充前景色

15 创建新图层组"组2"，新建"图层9"，绘制路径，设置前景色为249、239和203，填充前景色，单击"加深工具" 和"减淡工具" ，在画面中进行修饰，效果如图4-73所示。

图4-73　填充颜色并修饰

16 新建"图层10"，绘制路径，设置前景色为黑色，单击"画笔工具" ，单击路径面板底部的"用画笔描边路径"按钮 ，绘制黑边，效果如图4-74所示。

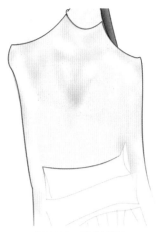

图4-74　绘制黑边

17 新建"图层11"，单击"钢笔工具" ，绘制上身衣服路径，设置前景色为139、135和102，填充前景色，单击"加深工具" 和"减淡工具" ，在画面中进行修饰，效果如图4-75所示。

图4-75　填充颜色并修饰

18 新建"图层12"，设置前景色为黑色，单击"画笔工具" ，在画面中绘制衣服上的线条，效果如图4-76所示。

图4-76　绘制线条

19 新建"图层13"，单击"钢笔工具" ，绘制脖子饰品路径，单击"画笔工具" ，设置画笔大小为3像素，单击路径面板底部的"用画笔描边路径"按钮 ，对其进行描黑边，效果如图4-77所示。

图4-77　描边路径

20 新建"图层14"，单击"椭圆选框工具" ，绘制选区并填充颜色，单击"加深工具" ，设置范围为中间调，曝光度为30%，对其底部进行加深修饰，并复制多个，摆放在适当的位置，效果如图4-78所示。

图4-78　填充颜色并修饰

21 合并"图层14"及其副本，得到"图层14副本14"，设置此图层的混合模式为排除，效果如图4-79所示。

图4-79　复制图像

22 创建新图层组"组3"，新建"图层14"，单击"钢笔工具" ，绘制宽腰带路径，设置前景色为黑色，单击"画笔工具" ，单击路径面板底部的"用画笔描边路径"按钮 ，效果如图4-80所示。

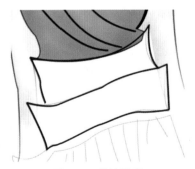

图4-80　描边路径

名流 Photoshop 服装设计表现技法完全剖析

23 新建"图层15"，设置前景色为6、35和125，填充前景色，单击"减淡工具" 🔍，设置画笔类型为粗头水彩笔40像素，范围为高光，曝光为20%，对腰带进行减淡修饰，效果如图4-81所示。

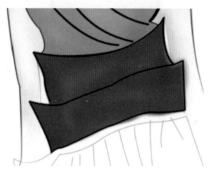

图4-81 减淡修饰

24 新建"图层16"，单击"多边形套索工具" 🔽，绘制选区，设置前景色为白色，填充前景色，效果如图4-82所示。

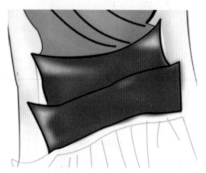

图4-82 填充前景色

25 新建"图层17"，绘制黑圈，并复制多个摆放在合适的位置，效果如图4-83所示。

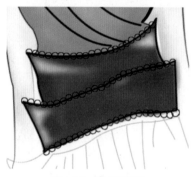

图4-83 绘制黑圈

26 新建"图层18"，单击"自定形状工具" 🦋，绘制蝴蝶形状路径，设置前景色为3、64和253，选择菜单栏中的"编辑"|"描边"命令，设置参数，复制多个进行摆放，合并图层，设置此图层的混合模式为排除，载入"图层14"选区，按Shift+Ctrl+I键将选区反向选择，按Delete键删除腰带以外的蝴蝶图案，效果如图4-84所示。

图4-84 绘制图案

27 创建新图层组"组4"，新建"图层17"，单击"钢笔工具" ✒️，绘制腿的路径，设置前景色为255、242和187，填充前景色，单击"加深工具" 🖐 和"减淡工具" 🔍，在画面中进行修饰，效果如图4-85所示。

图4-85 填充颜色并修饰

28 新建"图层18"，绘制路径，设置前景色为138、133和101，填充前景色，单击"橡皮擦工具" ✏️，设置不透明度，对裙子进行擦拭，使之具有透明的效果，如图4-86所示。

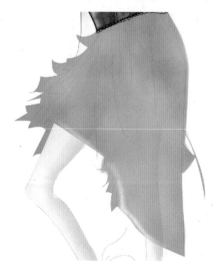

图4-86 绘制透明裙子

29 新建"图层19"，绘制裙子的线条路径，设置前景色为黑色，单击"画笔工具" ，单击路径面板底部的"用画笔描边路径"按钮 ⬭，新建"图层20"，为人物的腿绘制黑边，如图4-87所示。

图4-87 绘制黑边

30 新建"图层21"，绘制裙子带子路径，进行描黑边，如图4-88所示。

图4-88 描边路径

31 创建新图层组"组5"，新建"图层22"，单击"钢笔工具" ✐，绘制人物鞋子路径，设置前景色为187、239和231，填充前景色，单击"加深工具" ✍ 和"减淡工具" ✍，在画面中进行修饰，效果如图4-89所示。

图4-89 填充颜色并修饰

32 新建"图层23"，绘制鞋子线条路径，单击"画笔工具" ✐，单击路径面板底部的"用画笔描边路径"按钮 ⬭，绘制黑线条，新建"图层24"，绘制鞋子上的带子，效果如图4-90所示。

图4-90 绘制黑线条和带子

33 新建"图层25"，单击"钢笔工具" ✐，绘制鞋跟图案的路径，并将其转换为选区，填充前景色，效果如图4-91所示。

图4-91 绘制图案

34 打开随书光盘素材文件夹中名为4.3.jpg的素材图像，将此图像拖曳至文件中，得到最终效果如图4-92所示。

图4-92 最终效果

第4章

4.4 | 水粉色技法——西方古典纱裙

名流 Photoshop 服装设计表现技法完全剖析

设计分析

水粉具有很强的覆盖力，用其表现厚重、朴实的面料和挺拔有形的服装款式最为合适。水粉用色的明暗变化大多是靠白色和其他颜色来调节的。水粉覆盖力很强，可反复刻画细节。本实例主要运用"画笔工具"涂抹出衣服整体明暗效果，结合使用"钢笔工具"绘制纱裙大体轮廓，同时在裙子上添加图案，为整体增加飘逸、灵动的感觉。

原始素材文件：素材\4.4.jpg
视频教学文件：第4章\4.4.avi
最终效果文件：效果\4.4.psd

设计步骤

01 按Ctrl+N键，新建一个文件，弹出对话框并设置参数，如图4-93所示。

图4-93　新建文件

02 新建"图层1"，单击"钢笔工具" ✐，绘制路径，如图4-94所示。

图4-94　绘制路径

03 创建新图层组"组1"，新建"图层2"，单击"画笔工具" ✐，设置画笔类型为硬边机械1像素，单击路径面板底部的"用画笔描边路径"按钮 ◯，再设置图层混合模式为30%，如图4-95所示。

图4-95　描边路径

04 新建"图层3"，设置前景色为212、193和176，单击"画笔工具" ✐，设置画笔类型为轻微不透明度水彩笔42像素，在画面中绘制人物头发，如图4-96所示。

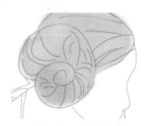

图4-96　绘制头发

05 设置前景色为47、26和39，单击"画笔工具" ✐，在画面中绘制人物头发黑线条，如图4-97所示。

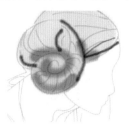

图4-97　绘制头发线条

06 设置前景色为246、202和189，单击"画笔工具" ✐，在画面中绘制人物头发粉色部分，如图4-98所示。

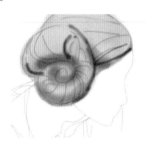

图4-98　绘制头发粉色部分

07 单击"加深工具" ◉，设置画笔类型为轻微不透明度水彩笔20像素，范围为阴影，曝光度为30%，单击"减淡工具" ◉，设置画笔类型为轻微不透明度水彩笔80像素，范围为高光，曝光为30%，对人物头发进行加深减淡修饰，效果如图4-99所示。

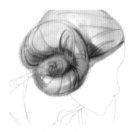

图4-99　加深减淡修饰

08 新建"图层4"，设置前景色为251、228和212，单击"画笔工具" ✐，设置画笔类型为轻微不透明度水彩笔30像素，在画面中绘制人物脸部，如图4-100所示。

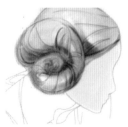

图4-100　绘制人物脸部

09 设置前景色为249、199和176，单击"画笔工具" ✐，在画面中绘制人物脸部，如图4-101所示。

图4-101　绘制脸部

10 设置前景色为黑色，单击"画笔工具" ✐，在画面中绘制人物眼睛和嘴，如图4-102所示。

图4-102　绘制眼睛和嘴

11 新建"图层5"，设置前景色为252、234和220，单击"画笔工具" ✐，在画面中绘制人物胳膊，如图4-103所示。

图4-103　绘制人物胳膊

12 单击"加深工具" ◉，设置画笔类型为轻微不透明度水彩笔40像素，单击"减淡工具" ◉，设置画笔类型为轻微不透明度水彩笔30像素，对胳膊进行加深减淡修饰，如图4-104所示。

名流 Photoshop 服装设计表现技法完全剖析

图4-104　加深减淡修饰

13 创建新图层组"组2"，新建"图层6"，设置前景色为66、49和41，单击"钢笔工具" ✐，绘制路径，按 Ctrl+Enter 键将路径作为选区载入，按 Alt+Delete 键填充前景色，如图 4-105 所示。

图4-105　绘制路径并填充颜色

14 单击"减淡工具" ✎，设置画笔类型为轻微不透明度水彩笔30像素，对其进行减淡修饰，如图4-106所示。

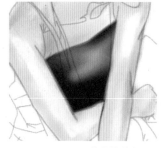

图4-106　减淡修饰

15 新建"图层7"，设置前景色为95、81和70，单击"画笔工具" ✎，设置轻微不透明度水彩笔4像素，不透明度和流量为80%，在画面中绘制衣服带子，如图4-107所示。

图4-107　绘制衣服带子

16 新建"图层8"，设置前景色为202、178和168，将路径转换为选区，填充颜色，如图 4-108 所示。

图4-108　绘制路径并填充颜色

17 单击"加深工具" ✎，设置画笔类型为轻微不透明度水彩笔30像素，范围为中间调，曝光度为30%，对其进行加深修饰，如图4-109所示。

图4-109　加深修饰

18 创建新图层组"组3"，新建"图层9"，设置前景色为247、228和213，单击"画笔工具" ✎，设置轻微不透明度水彩笔70像素，不透明度和流量为80%，在画面中绘制人物下身衣服，如图4-110所示。

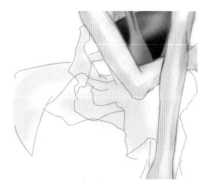

图4-110　绘制衣服

19 设置前景色为247、189和169，单击"画笔工具" ✎ ，在画面中绘制人物下身衣服，如图4-111所示。

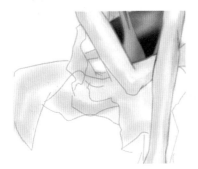

图4-111　绘制衣服

20 设置前景色为228、215和190，单击"画笔工具" ✎ ，在画面中绘制人物下身衣服，如图4-112所示。

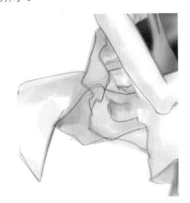

图4-112　绘制衣服

21 新建"图层10"，设置前景色为175、168和150，单击"画笔工具" ✎ ，在画面中绘制人物下身前面的衣服，如图4-113所示。

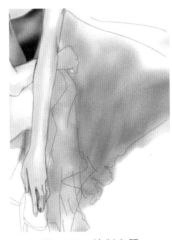

图4-113　绘制衣服

22 新建"图层11"，设置前景色为251、140和85，单击"画笔工具" ✎ ，在画面中绘制人物下身前面的衣服，如图4-114所示。

图4-114　绘制衣服

23 新建"图层12"，设置前景色为125、142和158，单击"画笔工具" ✎ ，设置画笔类型为杜鹃花串69像素，不透明度和流量为80%，在画面中绘制衣服上面的花图案，如图4-115所示。

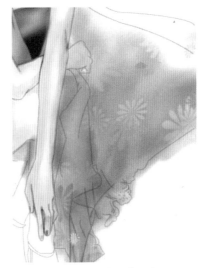

图4-115　绘制花图案

24 创建新图层组"组4"，新建"图层13"，设置前景色为249、216和199，单击"画笔工具" ✎ ，在画面中绘制人物的腿和脚，如图4-116所示。

图4-116　绘制人物腿和脚

服装的综合表现技法

第4章

133

25 新建"图层14"，设置前景色为241、144和112，单击"画笔工具" ，在画面中绘制人物的鞋子，单击"减淡工具" ，设置画笔类型为轻微不透明度水彩笔20像素，范围为高光，曝光度为30%，对鞋子进行减淡修饰，如图4-117所示。

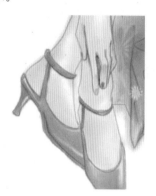

图4-117　绘制鞋子

26 打开随书光盘素材文件夹中名为4.4.jpg的素材图像，将此图像拖曳至文件中，得到最终效果如图4-118所示。

图4-118　最终效果

4.5 | 麦克笔技法——纤巧玲珑女裙

设计分析

麦克笔可分为油性和水性两种，水性的色彩较轻淡；油性的色彩较鲜艳。由于麦克笔笔头较宽，绘画线条较粗，所以大多用于大效果的绘画，细节表现较少。本实例主要运用"钢笔工具"绘制女裙大体轮廓，结合使用"画笔工具"涂抹出上部分裙子的多种颜色，配以裙子下摆深浅不同的绿色效果，为女裙整体增加纤巧玲珑的感觉。

原始素材文件：素材\4.5.jpg
视频教学文件：第4章\4.5.avi
最终效果文件：效果\4.5.psd

设计步骤

01 按Ctrl+N键，新建一个文件，弹出对话框并设置参数，如图4-119所示。

02 新建"图层1"，单击"钢笔工具" ，绘制路径，如图4-120所示。

03 单击"画笔工具" ，设置画笔大小为2像素，如图4-121所示。

04 设置前景色为黑色，单击路径面板底部的"用画笔描边路径"按钮 ，如图4-122所示。

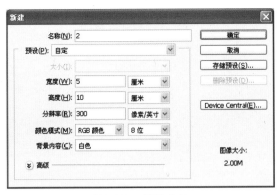

图4-119　新建文件

图4-120　绘制路径

图4-122　描边路径

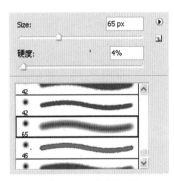

图4-123　设置画笔

06 设置RGB分别为249、207和170，使用画笔工具
涂抹，如图4-124所示。

图4-124　画笔涂抹

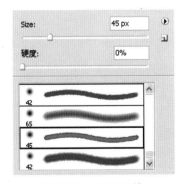

图4-121　设置画笔

05 创建新图层组"组1"，新建"图层2"，单击
"画笔工具" 　，设置画笔大小为40像素，不透
明度和流量为60%，画笔类型如图4-123所示。

07 单击"橡皮擦工具" 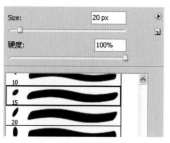，设置画笔类型和大小如图4-125所示。

图4-125 设置橡皮擦

08 使用橡皮擦工具对选区进行修饰，效果如图4-126所示。

图4-126 橡皮擦修饰

09 新建"图层3"，单击"画笔工具" 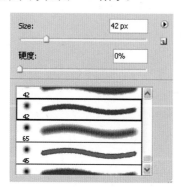，设置画笔类型和大小如图4-127所示。

图4-127 设置画笔

10 设置RGB分别为248、118和2，使用画笔工具进行涂抹，如图4-128所示。

图4-128 画笔涂抹

11 新建"图层4"，设置RGB分别为248、245和2，使用画笔工具进行涂抹，如图4-129所示。

图4-129 画笔涂抹

12 新建两个图层，设置前景色为深绿色和浅绿色，使用画笔工具进行涂抹，如图4-130所示。

图4-130 画笔涂抹

13 新建"图层7"，使用画笔工具绘制人物五官，如图4-131所示。

图4-131 绘制人物五官

14 新建"图层8"，创建新图层组"组2"，单击"画笔工具" ![brush]，设置画笔大小为36像素，画笔类型如图4-132所示。

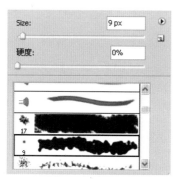

图4-132　设置画笔

15 设置RGB分别为7、229和44，使用画笔工具进行涂抹，如图5-133所示。

图4-133　画笔涂抹

16 新建"图层9"，单击"画笔工具" ![brush]，设置画笔大小为30像素，不透明度和流量为100%，设置RGB分别为16、71和195，使用画笔工具涂抹，如图4-134所示。

图4-134　画笔涂抹

17 新建"图层10"，设置RGB分别为249、241和21，使用画笔工具进行涂抹，如图4-135所示。

图4-135　画笔涂抹

18 新建"图层11"，设置RGB分别为249、21和112，使用画笔工具进行涂抹，如图4-136所示。

图4-136　画笔涂抹

19 新建"图层12"，设置前景色为白色，使用画笔工具进行涂抹，如图4-137所示。

图4-137　画笔涂抹

服装的综合表现技法

第4章

名流 **Photoshop** 服装设计表现技法完全剖析

20 单击"钢笔工具" ，绘制路径，按Ctrl+ Shift+I键选择反向命令，按Delete键删除多余部分，如图4-138所示。

图4-138　删除多余部分

21 新建"图层13"，单击"画笔工具" ，设置画笔大小为50像素，不透明度和流量为60%，画笔类型如图4-139所示。

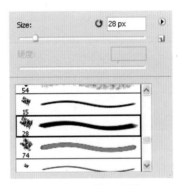

图4-139　设置画笔

22 设置RGB分别为7、139和57，使用画笔工具进行涂抹，如图4-140所示。

图4-140　画笔涂抹

23 新建"图层14"，设置RGB分别为155、252和2，使用画笔工具进行涂抹，如图4-141所示。

图4-141　删除多余部分

24 新建"图层15"，单击"画笔工具" ，设置画笔大小为10像素，设置RGB分别为252、243和2，使用画笔工具进行涂抹，如图4-142所示。

图4-142　画笔涂抹

25 复制合并"图层13"、"图层14"、"图层15"，得到"图层15副本"图层，单击"涂抹工具" ，设置画笔类型为柔边机械30像素，强度为74%，使用涂抹工具进行修饰，如图4-143所示。

图4-143　涂抹修饰

26 单击"橡皮擦工具" ，设置画笔大小为20像素，不透明度和流量为50%，使用橡皮擦工具对图像进行修饰，如图4-144所示。

图4-144　橡皮擦修饰

27 新建 4 个图层，图层名称为"图层 16"、"图层 17"、"图层 18"、"图层 19"，使用画笔工具进行涂抹，使用橡皮擦工具对图像进行修饰，如图 4-145 所示。

28 打开随书光盘素材文件夹中名为4.5.jpg的素材图像，使用"移动工具" 将此图像拖曳至文件中，最终效果如图4-146所示。

图4-146　最终效果

图4-145　橡皮擦修饰

4.6 | 色粉笔技法——夸张舞台装

设计分析

色粉笔色泽鲜艳，用法细腻多变，可作大效果的表现，也可精工细作刻画细节。运笔流畅，转折柔和，极具表现力。本实例主要运用"钢笔工具"绘制大体轮廓，结合使用"画笔工具"涂抹出衣服整体效果，再结合"减淡工具"制作出衣服的明暗，同时添加图层样式为服饰的腰带增添效果。

原始素材文件：素材\4.6.jpg

视频教学文件：第4章\4.6.avi

最终效果文件：效果\4.6.psd

设 计 步 骤

01 按Ctrl+N键，新建一个文件，弹出对话框并设置参数，如图4-147所示。

02 新建"图层1"，单击"钢笔工具" ，绘制路径，如图4-148所示。

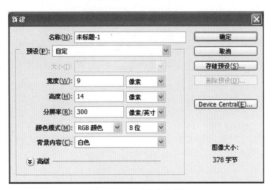

图4-147　新建文件

图4-148　绘制路径

03 单击"画笔工具" ，设置画笔类型为硬边机械2像素，流量为67%，设置前景色为黑色，单击路径面板底部的"用画笔描边路径"按钮 ，如图4-149所示。

图4-149　描边路径

04 新建"图层2"，设置RGB分别为159、60和33，在画面中绘制，如图4-150所示。

图4-150　画笔绘制

05 单击"橡皮擦工具" ，设置画笔类型为柔边机械30像素，不透明度为75%，使用橡皮擦工具对图像进行修饰，修饰后的效果如图4-151所示。

图4-151　橡皮擦修饰

06 新建"图层3"，设置RGB分别为254、244和229，在画面中绘制，如图4-152所示。

图4-152　画笔绘制

07 新建"图层4"，在画面中绘制五官，如图4-153所示。

图4-153　绘制五官

08 新建"图层5"，设置RGB分别为116、106和117，在画面中绘制，如图4-154所示。

图4-154　画笔绘制

09 新建"图层6"，设置RGB分别为243、215和250，在画面中绘制，如图4-155所示。

图4-155　画笔绘制

10 单击"画笔工具" ，设置画笔类型为中至大头油彩笔30像素，设置RGB分别为24、28和91，在画面中绘制，如图4-156所示。

11 单击"减淡工具" ，设置画笔类型为中至大头油彩笔50像素，范围为高光，曝光度为8%，使用该工具对选区进行修饰，修饰后的效果如图4-157所示。

图4-156　画笔绘制

图4-157　减淡修饰

12 单击"画笔工具" ，设置画笔类型为干毛巾画笔30像素，不透明度为66%，流量为55%，设置RGB分别为244、229和20，在画面中绘制，如图4-158所示。

图4-158　画笔绘制

13 设置RGB分别为41、130和32，在画面中绘制，如图4-159所示。

图4-159　画笔绘制

图4-160　画笔绘制

图4-161　画笔绘制

14 单击"减淡工具" 🔍，设置画笔类型为粗糙干画笔54像素，范围为中间调，曝光度为8%，使用该工具对选区进行修饰，修饰后的效果如图4-162所示。

图4-162　减淡修饰

15 单击图层面板下方的"添加图层样式"按钮 *fx.*，在下拉菜单中选择"斜面和浮雕"命令，设置对话框参数如图4-163所示。

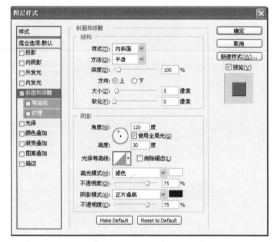

图4-163　斜面和浮雕设置

16 在下拉菜单中选择"外发光"命令，设置对话框参数如图5-164所示，得到效果如图4-165所示。

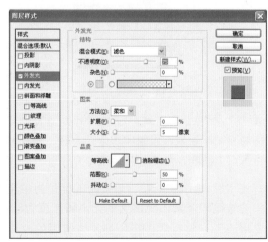

图4-164　外发光设置

图4-165 图层样式效果

17 打开随书光盘素材文件夹中名为4.6.jpg的素材图像，使用"移动工具" ⊹ 将此图像拖曳至文件中，最终效果如图5-166所示。

图4-166 最终效果

4.7 | 油画棒技法——性感迷人女裙

设计分析

油画棒属于油性颜料，就像蜡笔，不易被其他颜料覆盖，尤其是水性颜料。本实例主要运用"钢笔工具"为女裙绘制大体轮廓，结合使用"画笔工具"涂抹出衣服整体和明暗效果，再结合"橡皮擦工具"为女裙整体修饰，同时在细节部分进行一些点缀，增添女裙性感迷人的感觉。

原始素材文件：素材\4.7.jpg
视频教学文件：第4章\4.7.avi
最终效果文件：效果\4.7.psd

设计步骤

01 按Ctrl+N键，新建一个文件，弹出对话框并设置参数，如图4-167所示。

02 新建"图层1"，单击"钢笔工具" ✐，绘制路径，如图4-168所示。

03 单击"画笔工具" ✐，设置画笔大小为2像素，画笔类型如图4-169所示。

04 设置RGB分别为34、24和21，单击路径面板底部的"用画笔描边路径"按钮 ○，如图4-170所示。

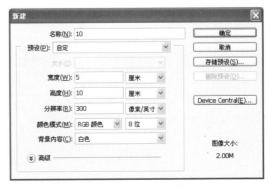

图4-167 新建文件

名流 Photoshop 服装设计表现技法完全剖析

图4-168　绘制路径

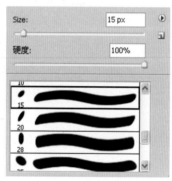

图4-169　设置画笔

图4-170　画笔描边

05 创建新图层组"组1"，新建"图层2"，单击"画笔工具" ，设置不透明度和流量为60%，画笔类型和大小如图4-171所示。

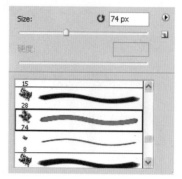

图4-171　设置画笔

06 设置前景色为黑色，使用画笔工具涂抹，使用橡皮擦工具对选区进行修饰，如图4-172所示。

图4-172　涂抹并修饰

07 新建"图层3"，单击"画笔工具" ，设置画笔大小为10像素，设置RGB分别为249、229和7，使用画笔工具涂抹，使用橡皮擦工具对图像进行修饰，如图4-173所示。

图4-173　涂抹并修饰

08 新建"图层4"，设置RGB分别为253、141和151，使用画笔工具涂抹如图4-174所示。

图4-174　画笔涂抹

09 单击"橡皮擦工具" ，设置画笔大小为80像素，画笔类型如图4-175所示。

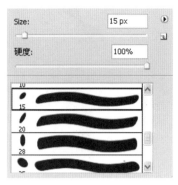

图4-175 设置橡皮擦

10 使用橡皮擦工具对图像进行修饰，修饰后的效果如图4-176所示。

图4-176 橡皮擦修饰

11 新建"图层5"，设置RGB分别为249、241和174，使用画笔工具涂抹，如图4-177所示。

图4-177 画笔涂抹

12 新建"图层6"，使用画笔工具绘制人物五官，创建新图层组"组2"，新建"图层7"，单击

"画笔工具" ，设置画笔大小为70像素，设置RGB分别为169、234和253，使用画笔工具进行涂抹，如图4-178所示。

图4-178 画笔涂抹

13 新建"图层8"，单击"画笔工具" ，设置画笔大小为20像素，不透明度为100%，流量为100%，使用画笔工具涂抹，如图4-179所示。

图4-179 画笔涂抹

14 单击"橡皮擦工具" ，设置画笔大小为50像素，使用橡皮擦工具对图像进行修饰，如图4-180所示。

图4-180 橡皮擦修饰

服装的综合表现技法

15 新建4个图层，图层名称为"图层9"、"图层10"、"图层11"、"图层12"，设置前景色为黑色，使用画笔工具涂抹，使用橡皮擦工具对图像进行修饰，如图4-181所示。

图4-181　涂抹并修饰

16 新建"图层13"，设置RGB分别为253、141和151，使用画笔工具进行涂抹，使用橡皮擦工具对图像进行修饰，如图4-182所示。

图4-182　涂抹并修饰

17 新建"图层14"，单击"画笔工具" ✐，设置画笔大小为7像素，设置RGB分别为251、230和2，使用画笔工具进行绘制，如图4-183所示。

18 新建两个图层，图层名称为"图层15"、"图层16"，使用画笔工具进行涂抹绘制，如图4-184所示。

图4-183　画笔绘制

图4-184　画笔涂抹

19 打开随书光盘素材文件夹中名为4.7.jpg的素材图像，使用"移动工具" ⊹ 将此图像拖曳至文件中，最终效果如图4-185所示。

图4-185　最终效果

4.8 彩色铅笔技法——超短裙

设计分析

彩色铅笔分油性和水溶两种，笔芯较柔软，但同样可达到普通铅笔的素描效果。水溶彩铅为了丰富画面效果还可以用含水分的毛笔再次进行塑造。本实例主要运用"钢笔工具"绘制大体轮廓，结合使用"画笔工具"涂抹出衣服整体和明暗效果，要注意的是在绘制的过程中应随意一些，画笔涂抹的时候不要过于死板，要体现粗糙中含有细腻的感觉。

最终效果文件：效果\4.8.psd

视频教学文件：第4章\4.8.avi

设计步骤

01 按Ctrl+N键，新建一个文件，弹出对话框并设置参数，如图4-186所示。

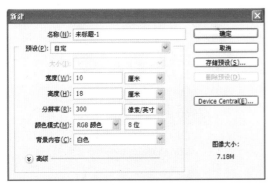

图4-186　新建文件

02 新建"图层1"，单击"钢笔工具"，绘制路径，如图4-187所示。

图4-187　绘制路径

03 单击"画笔工具"，设置画笔类型为平10像素，流量为56%，设置前景色为黑色，单击路径面板底部的"用画笔描边路径"按钮，如图4-188所示。

图4-188　描边路径

04 新建"图层2"，设置RGB分别为161、80和87，在画面中绘制，如图4-189所示。

图4-189　画笔绘制

147

05 新建"图层3"，设置RGB分别为138、67和24，在画面中绘制，如图4-190所示。

图4-190　画笔绘制

06 新建"图层4"，设置RGB分别为240、204和185，在画面中绘制，如图4-191所示。

图4-191　画笔绘制

07 新建"图层5"，单击"画笔工具"，设置画笔类型为中至大头油彩笔63像素，流量为35%，在画面中绘制，如图4-192所示。

图4-192　画笔绘制

08 设置RGB分别为36、34和66，单击"画笔工具"，设置画笔类型为超平滑圆形硬毛刷50像

素，流量为35%，在画面中绘制；设置RGB分别为138、129和252，在画面中绘制，如图4-193所示。

图4-193　画笔绘制

09 设置RGB分别为10、7和56，在画面中绘制，如图4-194所示。

图4-194　画笔绘制

10 新建"图层6"，单击"画笔工具"，设置画笔类型为中至大头油彩笔63像素，流量为53%，设置RGB分别为153、145和252，在画面中绘制，如图4-195所示。

图4-195　画笔绘制

11 新建"图层7",单击"画笔工具" ✐,设置画笔类型为中至大头油彩笔80像素,流量为26%,设置RGB分别为253、194和214,在画面中绘制,如图4-196所示。

图4-196　画笔绘制

12 设置RGB分别为183、192和223,在画面中绘制,如图4-197所示。

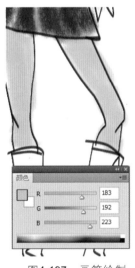

图4-197　画笔绘制

13 单击"画笔工具" ✐,设置画笔类型为干画笔尖浅描60像素,不透明度为29%,流量为26%,设置RGB分别为55、61和81,在画面中绘制,如图4-198所示。

14 新建"图层8",设置RGB分别为41、41和105,在画面中绘制,如图4-199所示。

15 单击"减淡工具" ✐,设置画笔类型为中至大头油彩笔60像素,范围为中间调,曝光度为73%,使用该工具对选区进行修饰,修饰后的效果如图4-200所示。

16 单击"加深工具" ✐,设置画笔类型为中至大头油彩笔30像素,范围为高光,曝光度为20%,使用该工具对选区进行修饰,修饰后的效果如图4-201所示。

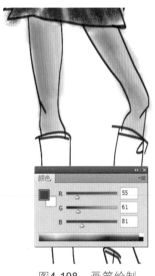

图4-198　画笔绘制

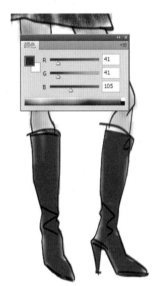

图4-199　画笔绘制

图4-200　减淡修饰

图4-201　加深修饰

17 新建"图层9"，单击"画笔工具" ✐，在画面中进行绘制，如图4-202所示。

图4-202　画笔绘制

18 新建"图层10"，单击"画笔工具" ✐，在画面中绘制，最终效果如图5-203所示。

图4-203　最终效果

第5章

服装的特殊表现技法

5.1 | 剪纸法——露背女裙

名流 Photoshop 服装设计表现技法完全剖析

设计分析

剪纸是一种常见的艺术表现形式。剪纸法概括性强，形象整体，主题突出。本实例主要运用"钢笔工具"为服装绘制大体轮廓并填充颜色，体现出剪纸的整体效果。

最终效果文件：效果\5.1.psd
视频教学文件：第5章\5.1.avi

设计步骤

01 按Ctrl+N键，新建一个文件，弹出对话框并设置参数，如图5-1所示。

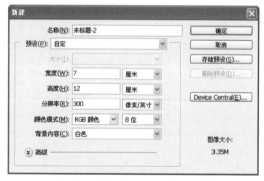

图5-1　新建文件

02 新建"图层1"，设置前景色为黑色，如图5-2所示。

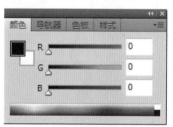

图5-2　设置前景色

03 按Alt+Delete键填充前景色，效果如图5-3所示。

04 新建"图层2"，单击"钢笔工具" ，绘制人物轮廓路径，如图5-4所示。

05 设置前景色为白色，按Ctrl+Enter将路径转换为选区载入，按Alt+Delete键填充前景色，效果如图5-5所示。

06 新建"图层3"，单击"钢笔工具" ，绘制路径，设置前景色为252、251和131，如图5-6所示。

07 按Ctrl+Enter将路径转换为选区载入，按Alt+Delete键填充前景色，效果如图5-7所示。

图5-3　填充前景色

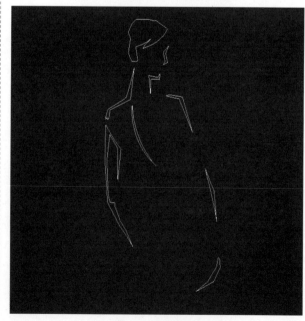

图5-4　绘制路径

图5-5　填充前景色

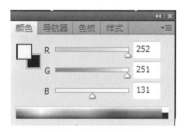

图5-6　设置前景色

图5-7　填充前景色

08 新建"图层4"，单击"钢笔工具" ，绘制裙子轮廓路径，如图5-8所示。

09 设置前景色为152、24和14，如图5-9所示。

10 按Ctrl+Enter将路径转换为选区载入，按Alt+Delete键填充前景色，最终效果如图5-10所示。

图5-8　绘制路径

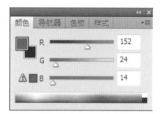

图5-9　设置前景色

图5-10　最终效果

5.2 | 拼贴法——背带短裤

设计分析

拼贴法是一种粘贴艺术。只是服装画的拼贴是用布料剪出所需形象粘贴在画面上的，更具真实感。本实例主要运用"钢笔工具"绘制大体轮廓，结合使用"加深工具"和"减淡工具"调节服装的明暗，结合使用"添加杂色"和"高斯模糊"等滤镜制作出服装的纹理效果。

原始素材文件：素材\5.2.jpg
视频教学文件：第5章\5.2.avi
最终效果文件：效果\5.2.psd

设计步骤

01 按Ctrl+N键，新建一个文件，弹出对话框并设置参数，如图5-11所示。

图5-11　新建文件

02 新建"图层1"，单击"钢笔工具" ，绘制路径，如图5-12所示。

图5-12　绘制路径

03 创建新图层组"组1"，新建"图层2"，单击"画笔工具" ，设置画笔类型为扁角低鬃2像素，流量为83%，单击路径面板底部的"用画笔描边路径"按钮 ，如图5-13所示。

图5-13　描边路径

04 新建"图层3"，设置前景色为246、218和69，按Ctrl+Enter键将路径作为选区载入，单击"油漆桶工具" ，在选区内单击鼠标右键，填充前景色到选区内，如图5-14所示。

05 单击"加深工具" ，设置画笔类型为柔边机械45像素，范围为高光，曝光度为35%，单击"减淡工具" ，设置画笔类型为柔边机械65像素，范围为中间调，曝光为88%，对人物头发进行加深减淡修饰，效果如图5-15所示。

图5-14　填充前景色

图5-17　绘制黑色阴影

图5-15　加深减淡修饰

06 设置前景色为黑色，单击"画笔工具" ✐，在
画面中绘制黑色阴影，效果如图5-16所示。

图5-18　填充前景色

09 单击"减淡工具" 🔍，设置画笔类型为柔边机
械92像素，范围为中间调，曝光为88%，对人物
皮肤进行减淡修饰，效果如图5-19所示。

图5-16　绘制黑色阴影

07 单击"画笔工具" ✐，再次绘制黑色阴影部
分，效果如图5-17所示。

08 新建"图层4"，设置前景色为240、196和
141，按Ctrl+Enter键将路径作为选区载入，单击
"油漆桶工具" 🪣，在选区内单击鼠标右键，填
充前景色到选区内，如图5-18所示。

图5-19　减淡修饰

名流 Photoshop 服装设计表现技法完全剖析

10 单击"加深工具" ，设置画笔类型为柔边机械45像素，范围为中间调，曝光度为35%，人物皮肤进行加深修饰，效果如图5-20所示。

图5-20　加深修饰

11 在菜单栏中选择"滤镜"|"艺术效果"|"水彩"命令，在弹出的对话框中设置参数，如图5-21所示，效果如图5-22所示。

图5-22　水彩效果

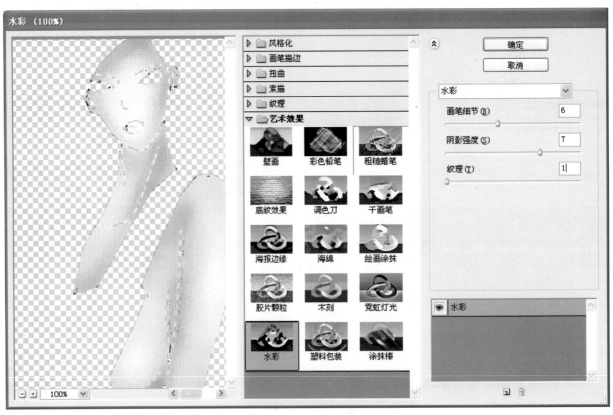

图5-21　水彩设置

12 新建"图层5"，单击"画笔工具" ，在画面中绘制人物五官，如图5-23所示。

13 新建"图层6"，设置前景色为19、17和114，按Ctrl+Enter键将路径作为选区载入，单击"油漆桶工具" ，在选区内单击鼠标右键，填充前景色到选区内，如图5-24所示。

14 在菜单栏中选择"滤镜"|"渲染"|"云彩"命令，效果如图5-25所示。

图5-23 绘制五官

图5-24 填充前景色

图5-25 云彩效果

15 复制"图层5",得到"图层5副本"图层,设置此图层的混合模式为正片叠底,在菜单栏中选择"滤镜"|"杂色"|"添加杂色"命令,在弹出的对话框中设置参数,如图5-26所示,效果如图5-27所示。

图5-26 添加杂色设置

图5-27 添加杂色效果

16 在菜单栏中选择"滤镜"|"模糊"|"高斯模糊"命令,在弹出的对话框中设置参数,如图5-28所示。

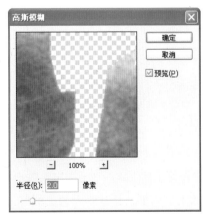

图5-28 高斯模糊设置

17 在菜单栏中选择"滤镜"|"风格化"|"扩散"命令，在弹出的对话框中设置参数，如图5-29所示，效果如图5-30所示。

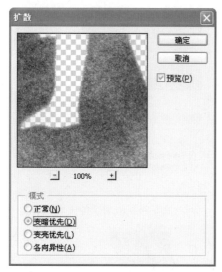

图5-29 扩散设置

图5-30 扩散效果

18 在菜单栏中选择"滤镜"|"画笔描边"|"成角的线条"命令，在弹出的对话框中设置参数，如图5-31所示，效果如图5-32所示。

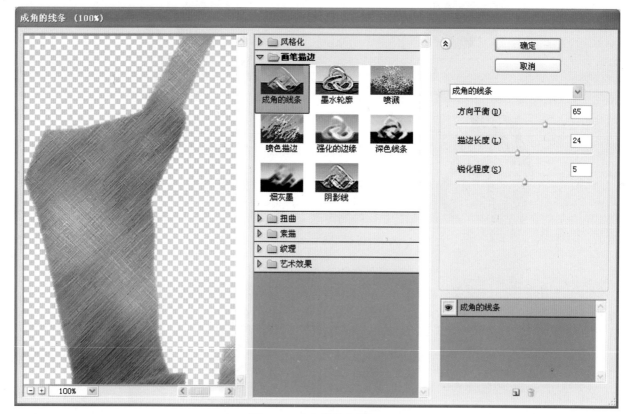

图5-31 成角的线条设置

19 单击"画笔工具"，在画面中绘制出裤子的深色区域，效果如图5-33所示。

20 打开随书光盘素材文件夹中名为5.2.jpg的素材图像，将此图像拖曳至文件中，得到最终效果如图5-34所示。

图5-32　成角的线条效果

图5-33　绘制深色区域

图5-34　最终效果

5.3 | 色纸法——民族服饰

设计分析

色纸法是指在彩色画纸上绘画。利用色纸统一画面主调。本实例主要运用"钢笔工具"绘制服装大体轮廓并填充颜色，再结合使用"钢笔工具"绘制衣服上的图案和线条，表现服饰的柔美。

最终效果文件：效果\5.3.psd
视频教学文件：第5章\5.3.avi

设计步骤

01 按Ctrl+N键，新建一个文件，弹出对话框并设置参数，如图5-35所示。

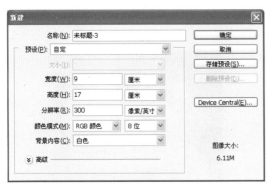

图5-35　新建文件

02 新建"图层1"，设置前景色为137、23和61，如图5-36所示。

图5-36　填充前景色

名流

Photoshop 服装设计表现技法完全剖析

03 创建新图层组"组1",新建"图层2",单击"钢笔工具"，绘制路径,如图5-37所示。

图5-37　绘制路径

04 新建"图层3",设置前景色为210、164和132,单击"画笔工具"，设置画笔类型为硬边机械4像素,单击路径面板底部的"用画笔描边路径"按钮，如图5-38所示。

图5-38　描边路径

05 新建"图层4",设置前景色为黑色,按Ctrl+Enter键将路径作为选区载入,单击"油漆桶工具"，在选区内单击鼠标右键,填充前景色到选区内,效果如图5-39所示。

图5-39　填充前景色

06 新建"图层5",设置前景色为243、212和184,使用相同方法将前景色填充到选区内,效果如图5-40所示。

图5-40　填充前景色

07 新建"图层6",设置前景色为92、13和7,使用相同方法将前景色填充到选区内,效果如图5-41所示。

图5-41　填充前景色

08 新建"图层7"，设置前景色为222、102和99，使用相同方法将前景色填充到选区内，效果如图5-42所示。

图5-42　填充前景色

09 新建"图层8"，设置前景色为232、65和136，使用相同方法将前景色填充到选区内，效果如图5-43所示。

图5-43　填充前景色

10 单击"加深工具" ，设置画笔类型为柔边机械45像素，范围为中间调，曝光度为35%，单击"减淡工具" ，设置画笔类型为柔边机械15像素，范围为中间调，曝光为88%，对人物耳环花朵进行加深减淡修饰，效果如图5-44所示。

图5-44　加深减淡修饰

11 新建"图层9"，设置前景色为240、235和29，使用相同方法将前景色填充到选区内，单击"加深工具" 和"减淡工具" 进行修饰，再复制"图层9"，将副本图层摆放到合适的位置，效果如图5-45所示。

图5-45　填充前景色并加深减淡修饰

12 新建"图层10"，设置前景色为246、160和187，使用相同方法将前景色填充到选区内，效果如图5-46所示。

图5-46　填充前景色

13 新建"图层11"，单击"钢笔工具" ，绘制路径，效果如图5-47所示。

图5-47　绘制路径

14 按Ctrl+Enter键将路径作为选区载入，如图5-48所示。

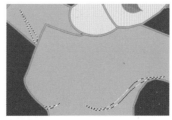

图5-48　将路径作为选区载入

15 在菜单栏中选择"选择"|"修改"|"羽化"命令，在弹出的对话框中设置羽化值为1像素，在菜单栏中选择"图像"|"调整"|"曲线"命令，在弹出的对话框中设置参数，如图5-49所示，效果如图5-50所示。

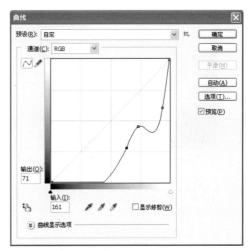

图5-49　曲线设置

服装的特殊表现技法

第5章

161

图5-50　曲线效果

16 新建"图层12"，单击"钢笔工具" ，绘制路径，效果如图5-51所示。

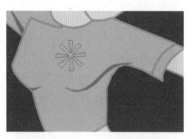

图5-51　绘制路径

17 按Ctrl+Enter键将路径作为选区载入，如图5-52所示。

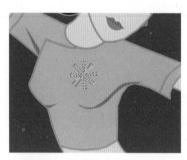

图5-52　将路径作为选区载入

18 在菜单栏中选择"选择"|"修改"|"羽化"命令，在弹出的对话框中设置羽化值为1像素，设置前景色为249、190和208，按Alt+Delete键将前景色填充到选区内，如图5-53所示。

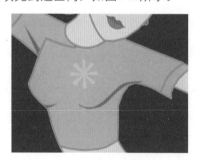

图5-53　填充前景色

19 复制"图层12"，将副本图层摆放到合适的位置，如图5-54所示。

20 新建"图层13"，设置前景色为白色，填充颜色，如图5-55所示。

21 新建"图层14"，设置前景色为242、158和184，使用相同方法将前景色填充到选区内，效果如图5-56所示。

图5-54　复制图像

图5-55　填充前景色

图5-56　填充前景色

22 新建"图层15"，设置前景色为215、63和114，使用相同方法将前景色填充到选区内，效果如图5-57所示。

图5-57　填充前景色

23 新建"图层16"，单击"钢笔工具" ，绘制路径，使用相同方法将前景色填充到选区内，效果如图5-58所示。

图5-58 填充前景色

24 新建"图层17"，使用相同方法将前景色填充到选区内，效果如图5-59所示。最终效果如图5-60所示。

图5-59 填充前景色

图5-60 最终效果

5.4 | 皱纸法——时尚女衬衫

设计分析

将纸揉皱，并在上面作画。由于皱纸的凸凹不平，且有不规则的折痕，画面就会出现时断时连、轻重缓急的效果。此效果给人松散、朴实的感觉。本实例主要运用"钢笔工具"绘制轮廓并填充颜色，再使用"钢笔工具"并结合"曲线"滤镜制作出整体的阴影效果。

最终效果文件：效果\5.4.psd

视频教学文件：第5章\5.4.avi

设计步骤

01 按Ctrl+N键，新建一个文件，弹出对话框并设置参数，如图5-61所示。

名流

Photoshop

服装设计表现技法完全剖析

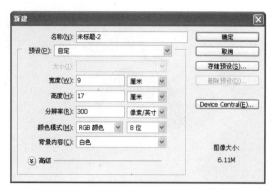

图5-61　新建文件

02 新建"图层1"，单击"渐变工具" ▣ ，在渐
变编辑器中设置渐变颜色为"由e5bda4到透明
色"，在画面中拖曳鼠标拉出一条直线，即可
显示渐变样式，如图5-62所示。

图5-62　渐变填充

03 新建"图层2"，单击"钢笔工具" ✐ ，绘制路
径，如图5-63所示。

图5-63　绘制路径

04 设置前景色为黑色，单击"画笔工具" ✐ ，设置
画笔类型为硬边机械3像素，单击路径面板底部的
"用画笔描边路径"按钮 ◯ ，如图5-64所示。

图5-64　描边路径

05 按Ctrl+Enter键将路径作为选区载入，设置前景
色为80、30和93，单击"油漆桶工具" ◐ ，在选
区内单击鼠标右键，填充前景色到选区内，效
果如图5-65所示。

图5-65　填充前景色

06 新建"图层3"，单击"钢笔工具" ✐ ，绘制路
径，按Ctrl+Enter键将路径作为选区载入，如图
5-66所示。

图5-66　将路径作为选区载入

07 在菜单栏中选择"图像"|"调整"|"曲线"命
令，在弹出的对话框中设置参数，如图6-67所示，
效果如图5-68所示。

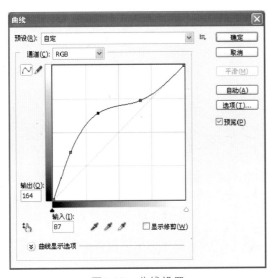

图5-67 曲线设置

图5-68 曲线效果

08 使用相同的方法绘制头发，效果如图5-69所示。

图5-69 绘制头发

09 新建"图层4"，按Ctrl+Enter键将路径作为选区载入，设置前景色为242、220和200，单击"油漆桶工具"🪣，在选区内单击鼠标右键，填充前景色到选区内，如图5-70所示。

图5-70 填充前景色

10 新建"图层5"，单击"画笔工具"✏，在画面中绘制出人物的五官，如图5-71所示。

图5-71 绘制五官

11 新建"图层5"，按Ctrl+Enter键将路径作为选区载入，设置前景色为22、237和170，单击"油漆桶工具"🪣，在选区内单击鼠标右键，填充前景色到选区内，如图5-72所示。

图5-72 填充前景色

12 单击"钢笔工具"✒，绘制路径，按Ctrl+Enter键将路径作为选区载入，如图5-73所示。

图5-73 绘制路径并转为选区

13 在菜单栏中选择"选择"|"修改"|"羽化"命令，在弹出的对话框中设置羽化值为1像素，在菜单栏中选择"图像"|"调整"|"曲线"命令，在弹出的对话框中设置参数，效果如图5-74所示。

图5-74　曲线效果

图5-76　粗糙蜡笔效果

14 在菜单栏中选择"滤镜"|"艺术效果"|"粗糙蜡笔"命令，在弹出的对话框中设置参数，如图6-75所示，效果如图5-76所示。

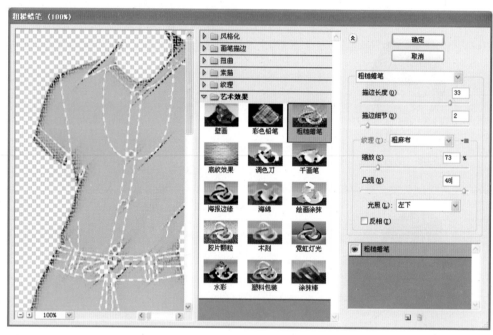

图5-75　粗糙蜡笔设置

15 新建"图层6"，按Ctrl+Enter键将路径作为选区载入，设置前景色为66、43和83，单击"油漆桶工具" ，在选区内单击鼠标右键，填充前景色到选区内，如图5-77所示。

图5-77　填充前景色

16 新建"图层7"，按Ctrl+Enter键将路径作为选区载入，设置前景色为61、42和70，单击"油漆桶工具" ，在选区内单击鼠标右键，填充前景色到选区内，如图5-78所示。

图5-78　填充前景色

17 单击"钢笔工具" ，绘制路径，按Ctrl+Enter键将路径作为选区载入，如图5-79所示。

图5-79　绘制路径并转为选区

18 在菜单栏中选择"选择"|"修改"|"羽化"命令，在弹出的对话框中设置羽化值为 2 像素，在菜单栏中选择"图像"|"调整"|"曲线"命令，在弹出的对话框中设置参数，如图 5-80 所示，效果如图 5-81 所示。

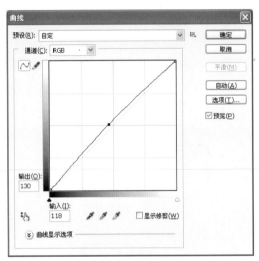

图5-80　曲线设置

图5-81　曲线效果

19 单击图层面板下方的"添加图层样式"按钮 _fx._，在下拉菜单中选择"图案叠加"命令，设置参数对话框如图6-82所示。得到效果如图5-83所示。

20 新建"图层8"，按Ctrl+Enter键将路径作为选区载入，设置前景色为216、147和106，单击"油漆桶工具" 🔨，在选区内单击鼠标右键，填充前景色到选区内，如图5-84所示。

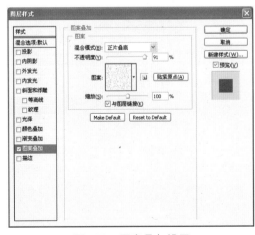

图5-82　图案叠加设置

图5-83　图层样式效果

图5-84　填充前景色

21 单击"钢笔工具" ✐，绘制路径，按Ctrl+Enter键将路径作为选区载入，如图6-85所示。

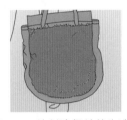

图5-85　绘制路径并转为选区

22 在菜单栏中选择"图像"|"调整"|"曲线"命令，在弹出的对话框中设置参数，如图5-86所示，效果如图5-87所示。

23 新建"图层9"，按Ctrl+Enter键将路径作为选区载入，设置前景色为234、213和148，单击"油漆桶工具" 🔨，在选区内单击鼠标右键，填充前景色到选区内，如图5-88所示。

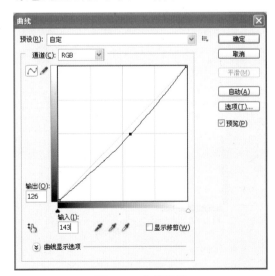

图5-86　曲线设置

图5-87　曲线效果

图5-88　填充前景色

24 单击"钢笔工具"，绘制路径，按Ctrl+Enter
键将路径作为选区载入，如图5-89所示。

图5-89　绘制路径并转为选区

25 在菜单栏中选择"选择"|"修改"|"羽化"命令，
在弹出的对话框中设置羽化值为5像素，在菜单
栏中选择"图像"|"调整"|"曲线"命令，在
弹出的对话框中设置参数，如图5-90所示，效
果如图5-91所示。

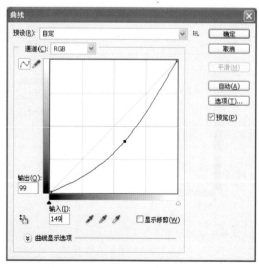

图5-90　曲线设置

26 在菜单栏中选择"滤镜"|"纹理"|"龟裂缝"
命令，在弹出的对话框中设置参数，如图5-92所
示，最终效果如图5-93所示。

图5-91　曲线效果

图5-92　龟裂缝设置

图5-93　最终效果

5.5 | 刻划法——吊带背心

设计分析

刻划法是用坚硬的工具在未干的颜料上刻划。刻划留下的痕迹粗细、深浅效果奇特，是其他方法难以达到的。本实例主要运用"钢笔工具"为服装绘制轮廓并填充颜色，再使用"钢笔工具"并结合"曲线"滤镜制作出阴影效果。

原始素材文件：素材\5.5.jpg
视频教学文件：第5章\5.5.avi
最终效果文件：效果\5.5.psd

设计步骤

01 按Ctrl+N键，新建一个文件，弹出对话框并设置参数，如图5-94所示。

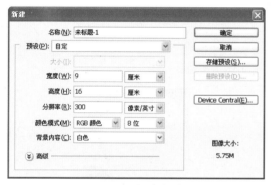

图5-94 新建文件

02 新建"图层1"，单击"钢笔工具" ✐，绘制路径，如图5-95所示。

图5-95 绘制路径

03 创建新图层组"组1"，新建"图层2"，单击"画笔工具" ✐，设置画笔类型为硬边机械3像素，设置前景色为白色，单击路径面板底部

的"用画笔描边路径"按钮 ◯，新建"图层3"，设置前景色为253、188和160，单击"油漆桶工具" ◢，在选区内单击鼠标右键，填充前景色到选区内，如图5-96所示。

图5-96 填充前景色

04 新建"图层3"，单击"钢笔工具" ✐，绘制路径，如图5-97所示。

图5-97 绘制路径

05 单击"画笔工具" ✐，设置画笔类型为硬边机械3像素，设置前景色为67、23和36，单击路径面板底部的"用画笔描边路径"按钮 ◯，效果如图5-98所示。

服装的特殊表现技法

第5章

名流 Photoshop 服装设计表现技法完全剖析

图5-98　描边路径

06 新建"图层4"，设置前景色为67、23和36，单击"油漆桶工具" ，在选区内单击鼠标右键，填充前景色到选区内，如图5-99所示。

图5-99　填充前景色

07 单击"钢笔工具" ，绘制路径，如图5-100所示。

图5-100　绘制路径

08 在菜单栏中选择"选择"|"修改"|"羽化"命令，在弹出的对话框中设置羽化值为2像素，在菜单栏中选择"图像"|"调整"|"曲线"命令，在弹出的对话框中设置参数，如图5-101所示，效果如图5-102所示。

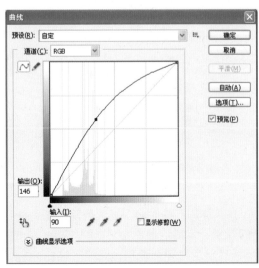

图5-101　曲线设置

图5-102　曲线效果

09 使用相同的方法，绘制头发的阴影效果，如图5-103所示。

图5-103　绘制头发阴影

10 新建"图层5"，单击"钢笔工具" ，绘制路径，如图5-104所示。

图5-104　绘制路径

11 设置前景色为56、29和21，按Ctrl+Enter键将路径作为选区载入，按Alt+Delete键填充前景色到选区内，如图5-105所示。

图5-105　填充前景色

12 新建"图层6"，单击"钢笔工具" ，绘制路径，如图5-106所示。

图5-106 绘制路径

13 单击"渐变工具" ，在渐变编辑器中设置渐变颜色为"由粉色到黄色"，如图5-107所示。

图5-107 设置渐变颜色

14 按Ctrl+Enter键将路径作为选区载入，在选区内拖曳鼠标拉出一条直线，即可显示渐变样式，如图5-108所示。

图5-108 填充渐变

15 新建"图层7"、"图层8"、"图层9"，使用相同的方法单击"钢笔工具" ，绘制路径并载入选区，填充前景色，效果如图5-109所示。

图5-109 绘制眼睛

16 新建"图层10"，使用相同的方法单击"钢笔工具" ，绘制路径，填充前景色，效果如图5-110所示。

图5-110 绘制嘴唇

17 新建"图层11"，设置前景色为219、154和178，单击"画笔工具" ，设置画笔类型为流星65像素，在画面中绘制，效果如图5-111所示。

图5-111 绘制耳环

18 新建"图层12"，单击"钢笔工具" ，绘制路径并载入选区，填充前景色，效果如图5-112所示。

图5-112 绘制脖子阴影

19 单击"钢笔工具" ，绘制路径，如图5-113所示。

图5-113 绘制路径

名流 Photoshop 服装设计表现技法完全剖析

20 设置前景色为249、58和138，按Ctrl+Enter键将路径作为选区载入，按Alt+Delete键填充前景色到选区内，如图5-114所示。

图5-114 填充前景色

21 新建"图层13"，单击"钢笔工具" ，绘制路径，按Ctrl+Enter键将路径作为选区载入，如图5-115所示。

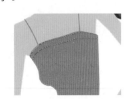

图5-115 绘制路径并载入选区

22 设置前景色为99、2和68，按Alt+Delete键填充前景色到选区内，如图5-116所示。

图5-116 填充前景色

23 新建"图层14"，单击"钢笔工具" ，绘制路径，按Ctrl+Enter键将路径作为选区载入，如图5-117所示。

图5-117 绘制路径并载入选区

24 单击"加深工具" ，设置画笔类型为柔边机械45像素，范围为中间调，曝光度为35%，对选区内进行加深修饰，效果如图5-118所示。

图5-118 加深修饰

25 新建"图层15"，单击"钢笔工具" ，绘制路径，如图5-119所示。

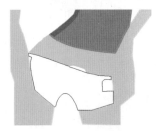

图5-119 绘制路径

26 设置前景色为8、6和53，按Ctrl+Enter键将路径作为选区载入，按Alt+Delete键填充前景色到选区内，如图5-120所示。

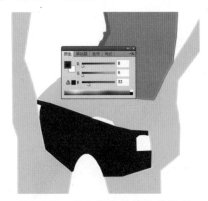

图5-120 载入选区并填充前景色

27 新建"图层16"，单击"钢笔工具" ，绘制路径，如图5-121所示。

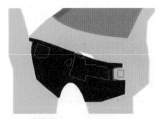

图5-121 绘制路径

28 设置前景色为238、139和168，按Ctrl+Enter键将路径作为选区载入，按Alt+Delete键填充前景色到选区内，如图5-122所示。

图5-122　载入选区并填充前景色

29 使用相同的方法单击"钢笔工具" ✎，绘制路径，填充前景色，效果如图5-123所示。

图5-123　绘制路径并填充前景色

30 新建一个图层，单击"钢笔工具" ✎，绘制路径，填充前景色，效果如图5-124所示。

图5-124　绘制路径并填充前景色

31 打开随书光盘素材文件夹中名为5.5.jpg的素材图像，将此图像拖曳至文件中，得到最终效果如图5-125所示。

图5-125　载入背景

32 合并"组1"和背景图层，再复制合并的图层，设置此图层的不透明度为55%，效果如图5-126所示。

33 在菜单栏中选择"滤镜"|"艺术效果"|"干笔画"命令，在弹出的对话框中设置参数，如图5-127所示，最终效果如图5-128所示。

图5-126　设置图层不透明度

图5-127　干笔画设置

图5-128　最终效果

5.6 搓擦法——无袖小衫短裙

设计分析

将画面上的颜色按一定的方向搓擦，表现出特殊的效果和质感。要选择较厚的纸张。表现蓬松、朴实的效果较为合适。本实例主要运用"钢笔工具"绘制轮廓，结合使用"画笔工具"涂抹出服装整体和阴影效果，在腰带部分进行一些点缀和修饰，在局部添加线条，使服装更具青春与活力。

原始素材文件：素材\5.6.jpg
视频教学文件：第5章\5.6.avi
最终效果文件：效果\5.6.psd

设计步骤

01 按Ctrl+N键，新建一个文件，弹出对话框并设置参数，如图5-129所示。

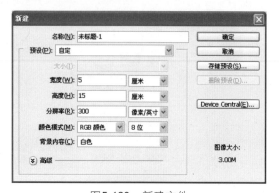

图5-129　新建文件

02 新建"图层1"，单击"钢笔工具" ，绘制路径，如图5-130所示。

图5-130　绘制路径

03 创建新图层组"组1"，新建"图层2"，设置前景色为34、24和21，单击"画笔工具" ，设置画笔类型为中至大头油彩笔5像素，单击路径面板底部的"用画笔描边路径"按钮 ，如图5-131所示。

图5-131　描边路径

04 新建"图层3"，设置前景色为黑色，单击"画笔工具" ，设置画笔类型为中至大头油彩笔6像素，不透明度和流量为60%，在画面中绘制，如图5-132所示。

名流 Photoshop 服装设计表现技法完全剖析

图5-132 绘制头发

05 新建"图层4",设置前景色为252、230和123,单击"画笔工具" ✐,在画面中涂抹出头发的颜色,效果如图5-133所示。

图5-133 绘制头发

06 设置前景色为124、76和25,单击"画笔工具" ✐,设置画笔类型为纹理28像素,不透明度和流量为60%,在画面中绘制,如图5-134所示。

图5-134 绘制衣服

07 新建"图层5",设置前景色为81、54和26,单击"画笔工具" ✐,设置画笔类型为纹理20像素,不透明度和流量为80%,在画面中绘制,如图5-135所示。

图5-135 绘制深色阴影

08 新建"图层6",设置前景色为188、159和44,单击"画笔工具" ✐,在画面中绘制,效果如图5-136所示。

图5-136 绘制衣服

09 新建"图层7",设置前景色为黑色,单击"画笔工具" ✐,设置画笔类型为柔边机械5像素,不透明度和流量为40%,绘制人物衣服上的阴影效果,如图5-137所示。

图5-137 绘制衣服阴影

10 新建"图层8",设置前景色为243、228和175,单击"画笔工具" ✐,绘制人物的肤色,效果如图5-138所示。

图5-138 绘制人物肤色

⑪ 创建新图层组"组2",新建"图层9",单击"画笔工具" ✐,使用相同的方法绘制出人物的裙子,效果如图5-139所示。

图5-139　绘制裙子

⑫ 新建"图层10",设置前景色为248、251和11,单击"画笔工具" ✐,在画面中绘制图案,效果如图5-140所示。

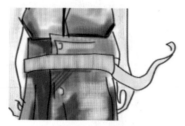

图5-140　绘制图案

⑬ 新建"图层11",设置前景色为199、148和24,单击"画笔工具" ✐,在画面中涂抹,效果如图5-141所示。

图5-141　画笔绘制

⑭ 新建"图层12",设置前景色为255、255和255,单击"画笔工具" ✐,在画面中绘制,效果如图5-142所示。

图5-142　画笔绘制

⑮ 新建"图层13",设置前景色为85、18和107,单击"画笔工具" ✐,在画面中绘制,效果如图5-143所示。

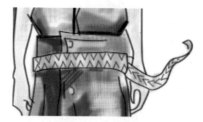

图5-143　画笔绘制

⑯ 新建"图层14",单击"画笔工具" ✐,在腰带上进行点缀修饰,效果如图5-144所示。

图5-144　点缀修饰

⑰ 创建新图层组"组3",新建"图层15",单击"画笔工具" ✐,设置画笔类型为纹理40像素,不透明度和流量为80%,设置前景色为104、68和20,在画面中绘制,效果如图5-145所示。

图5-145　画笔绘制

⑱ 新建"图层16",设置前景色为221、204和157,单击"画笔工具" ✐,在画面中绘制,效果如图5-146所示。

⑲ 新建"图层17",设置前景色为黑色,单击"画笔工具" ✐,在画面中绘制,如图5-147所示。

图5-146　画笔绘制

图5-147　绘制线条

20 打开随书光盘素材文件夹中名为5.6.jpg的素材图像，将此图像拖曳至文件中，得到最终效果如图5-148所示。

图5-148　最终效果

5.7 | 喷绘法——春季摆裙

设计分析

喷绘法是运用气压泵和喷枪绘制。也可用牙刷蘸取色彩在梳子上进行刮喷。并采用渲染、退晕的方法，创造出和谐的特殊效果，使画面显得光润、柔和、更具装饰性。本实例主要运用"钢笔工具"为摆裙绘制大体轮廓，结合使用"画笔工具"涂抹出服装整体效果，并使用"橡皮擦工具"进行修饰，在裙子的腰际添加图案，为摆裙增添一抹春天的气息。

原始素材文件：素材\5.7.jpg
视频教学文件：第5章\5.7.avi
最终效果文件：效果\5.7.psd

设计步骤

01 按Ctrl+N键，新建一个文件，弹出对话框并设置参数，如图5-149所示。

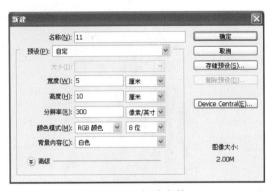

图5-149　新建文件

02 新建"图层1"，单击"钢笔工具" ，绘制路
径，如图5-150所示。

图5-150　绘制路径

03 单击"画笔工具" ，设置画笔类型如图5-151
所示，画笔大小更改为1像素。

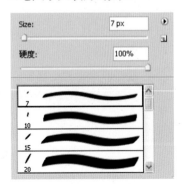

图5-151　设置画笔

04 设置前景色为黑色，单击路径面板底部的"用
画笔描边路径"按钮 ，如图5-152所示。

图5-152　描边路径

05 创建新图层组"组1"，新建"图层2"，单击
"画笔工具" ，设置不透明度和流量为60%，
画笔类型如图5-153所示。

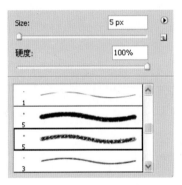

图5-153　设置画笔

06 设置前景色为黑色，单击"画笔工具" ，在
画面中绘制头发，如图5-154所示。

图5-154　绘制头发

07 单击"橡皮擦工具"，设置画笔类型和大小如图5-155所示。

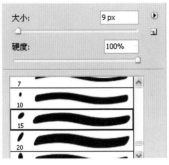

图5-155　设置橡皮擦

08 使用橡皮擦工具对图像进行修饰，修饰后的效果如图5-156所示。

图5-156　橡皮擦修饰

09 新建"图层3"，设置RGB分别为248、221和190，使用画笔工具涂抹，使用橡皮擦工具对图像进行修饰，修饰后的效果如图5-157所示。

图5-157　涂抹并修饰

10 新建"图层4"，单击"画笔工具"，在画面中绘制人物五官，如图5-158所示。

图5-158　绘制人物五官

11 创建新图层组"组2"，新建"图层5"，单击"画笔工具"，设置画笔类型为硬边机械20像素，设置前景色为黑色，使用画笔工具涂抹，如图5-159所示。

图5-159　画笔涂抹

12 新建"图层6"，单击"画笔工具"，设置画笔类型为硬边机械50像素，不透明度和流量为30%，设置前景色为浅灰色，使用画笔工具涂抹，如图5-160所示。

图5-160　画笔涂抹

服装的特殊表现技法

第5章

179

名流 Photoshop 服装设计表现技法完全剖析

13　单击"橡皮擦工具" 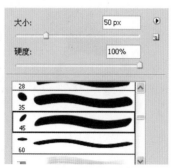，设置画笔类型和大小如图5-161所示。

大小：　　　50 px
硬度：　　　100%

28
35
45
60

图5-161　设置橡皮擦

14　使用橡皮擦工具对图像进行修饰，修饰后的效果如图5-162所示。

图5-162　橡皮擦修饰

15　新建"图层7"，使用画笔工具涂抹，使用橡皮擦工具对图像进行修饰，修饰后的效果如图5-163所示。

16　新建5个图层，图层名称为"图层8"、"图层9"、"图层10"、"图层11"、"图层12"，使用画笔工具涂抹，使用橡皮擦工具对图像进行修饰，修饰后的效果如图5-164所示。

17　新建"图层13"，单击"画笔工具" 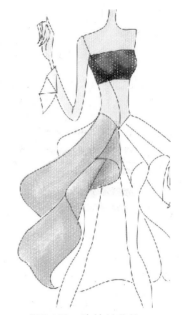，设置画笔类型为硬边机械20像素，不透明度和流量为40%，设置前景色为深灰色，使用画笔工具涂抹，如图5-165所示。

18　创建新图层组"组3"，新建"图层14"，单击"画笔工具"，设置不透明度和流量为60%，画笔类型如图5-166所示。

图5-163　涂抹并修饰

图5-164　涂抹并修饰

图5-165　画笔涂抹

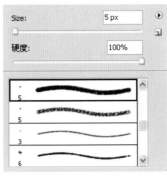

图5-166　设置画笔

19 设置前景色为黑色，使用画笔工具涂抹，单击"橡皮擦工具" ，设置画笔大小为10像素，使用橡皮擦工具对图像进行修饰，修饰后的效果如图5-167所示。

图5-167　涂抹并修饰

20 新建"图层15"，单击"画笔工具" ，设置画笔类型为柔边机械2像素，设置前景色为黑色，单击路径面板底部的"用画笔描边路径"按钮 ，如图5-168所示。

图5-168　画笔描边

21 新建"图层16"，单击"钢笔工具" 绘制路径，设置前景色为白色并填充颜色，如图5-169所示。

图5-169　填充颜色

22 新建"图层17"，单击"自定形状工具" ，设置形状图案为花形装饰3，设置RGB分别为246、68和68，绘制图案形状，如图5-170所示。

图5-170　绘制图案

23 新建"图层18"，单击"画笔工具" ，设置不透明度和流量为60%，画笔类型如图5-171所示。

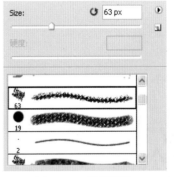

图5-171　设置画笔

24 设置RGB分别为246、68和68，使用画笔工具涂抹，使用橡皮擦工具对图像进行修饰，修饰后的效果如图5-172所示。

服装的特殊表现技法

第5章

名流 Photoshop 服装设计表现技法完全剖析

图5-172 涂抹并修饰

25 新建两个图层，图层名称为"图层19"、"图层20"，设置前景色为黑色和浅灰色，使用画笔工具涂抹，使用橡皮擦工具对图像进行修饰，修饰后的效果如图5-173所示。

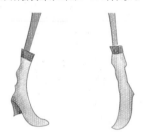

图5-173 涂抹并修饰

26 打开随书光盘素材文件夹中名为5.7.jpg的素材图像，使用"移动工具" ▶⊕，将此图像拖曳至文件中，得到最终效果如图5-174所示。

图5-174 最终效果

5.8 | 平涂法——时尚女套装

设计分析

平涂法即将色彩均匀涂于画面上，适合表现追求整体效果的作品。也可利用多色彩在画面上的对比来表现层次感。在作画时可平涂颜色后，依靠勾线塑造形象及空间立体感关系。本实例主要运用"钢笔工具"绘制女套装大体轮廓并填充颜色，结合使用"画笔工具"涂抹出裤子整体效果，并使用"橡皮擦工具"修饰，再为腰带绘制图案，增加套装的统一感。

原始素材文件：素材\5.8.jpg

视频教学文件：第5章\5.8.avi

最终效果文件：效果\5.8.psd

设计步骤

01 按Ctrl+N键，新建一个文件，弹出对话框并设置参数，如图5-175所示。

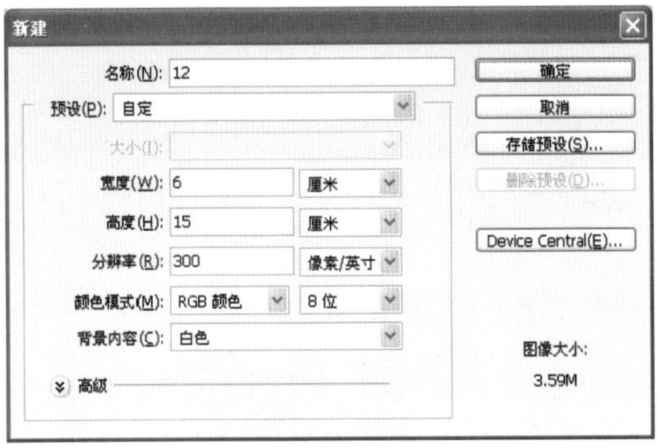

图5-175　新建文件

02 新建“图层1”，单击“钢笔工具”，绘制路径，如图5-176所示。

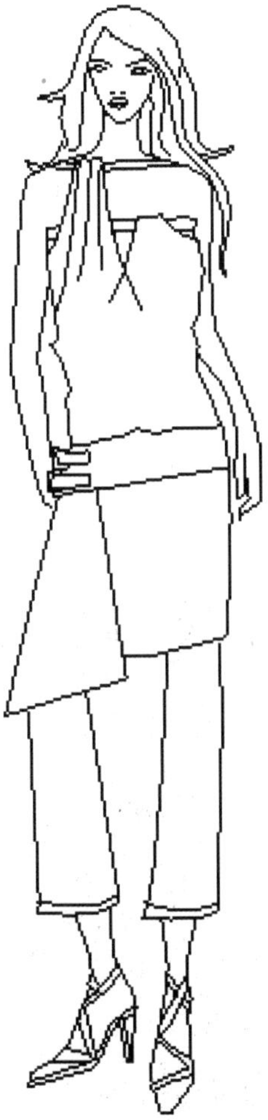

图5-176　绘制路径

03 单击“画笔工具”，设置“画笔工具”选项栏中画笔大小更改为2像素，画笔类型如图5-177所示。

04 单击颜色面板设置RGB分别为34、24和21，单击路径面板底部“用画笔描边路径”按钮，如图5-178所示。

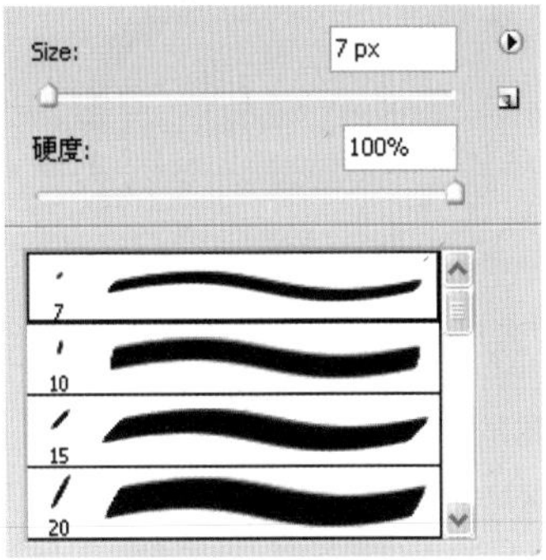

图5-177　设置画笔

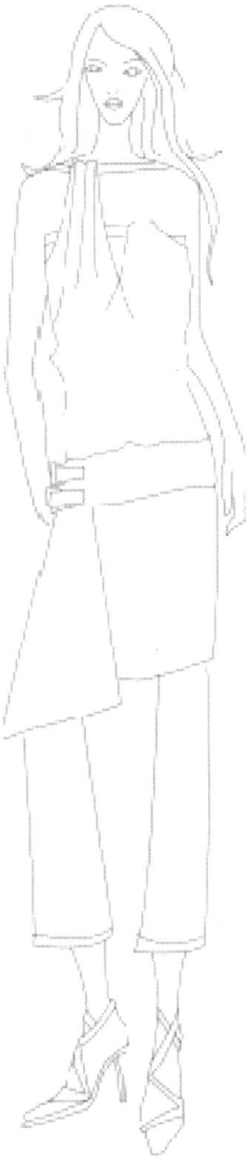

图5-178　描边路径

05 创建新图层组“组1”，新建“图层2”，单击“钢笔工具”，绘制路径，设置RGB分别为62、25和17，填充颜色，如图5-179所示。

图5-179 填充颜色

06 新建"图层3"，单击"钢笔工具" ，绘制路径，设置RGB分别为172、56和17，填充颜色，如图5-180所示。

图5-180 填充颜色

07 新建"图层4"，单击"钢笔工具" ，绘制路径，单击颜色面板设置RGB分别为219、122和19，填充颜色，如图5-181所示。

图5-181 填充颜色

08 新建"图层5"，单击"钢笔工具" ，绘制路径，单击颜色面板设置RGB分别为251、236和184，填充颜色，如图5-182所示。

09 新建两个图层，图层名称为"图层6"、"图层7"，使用画笔工具绘制五官，如图5-183所示。

图5-182 填充颜色

图5-183 绘制五官

10 创建新图层组"组2"，新建"图层8"，单击"钢笔工具" ，绘制路径，设置前景色为黑色，填充颜色，如图5-184所示。

图5-184 填充颜色

名流 **Photoshop** 服装设计表现技法完全剖析

11 新建"图层9"，单击"钢笔工具" ，绘制路径，设置前景色为白色，填充颜色，如图5-185所示。

图5-185　填充颜色

12 新建"图层10"，单击"钢笔工具" ，绘制路径，设置RGB分别为251、68和172，填充颜色，如图5-186所示。

图5-186　填充颜色

13 新建"图层11"，单击"钢笔工具" ，绘制路径，设置RGB为92、177和250，填充颜色，如图5-187所示。

14 新建"图层12"，单击"钢笔工具" ，绘制路径。分别设置RGB为194、8、61，和169、160、161，填充颜色，如图5-188所示。

图5-187　填充颜色

图5-188　填充颜色

15 新建"图层13"，绘制路径，设置RGB为197、243和254，填充颜色，新建两个图层，绘制路径，填充颜色，再新建两个图层，填充颜色与"图层11"、"图层12"相同，如图5-189所示。

图5-189　填充颜色

16 创建新图层组"组3"，新建"图层18"，单击"钢笔工具" ，绘制路径，单击颜色面板设置RGB分别为92、177和250，填充颜色，如图5-190所示。

图5-190　填充颜色

17 新建"图层19"，单击"画笔工具" 🖌️，设置画笔类型如图5-191所示。

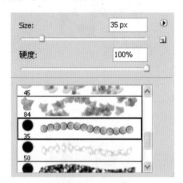

图5-191　设置画笔

18 单击颜色面板设置RGB分别为251、68和172，单击"画笔工具" 🖌️，在画面中进行绘制，如图5-192所示。

图5-192　画笔绘制

19 新建两个图层，设置前景色为白色和黑色，单击"画笔工具" 🖌️，在画面中进行绘制，如图5-193所示。

图5-193　画笔绘制

20 新建两个图层，单击"钢笔工具" ✒️，绘制路径，填充颜色，如图5-194所示。

图5-194　填充颜色

21 创建新图层组"组4"，新建"图层24"，单击"画笔工具" 🖌️，设置画笔大小为50像素，不透明度和流量为60%，画笔类型如图5-195所示。

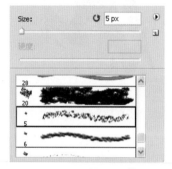

图5-195　设置画笔

22 单击颜色面板设置RGB分别为92、177和250，单击"画笔工具" 🖌️，在画面中涂抹，如图5-196所示。

图5-196　画笔涂抹

23 单击"橡皮擦工具" 🧽，设置画笔大小为40像素，画笔类型如图5-197所示。

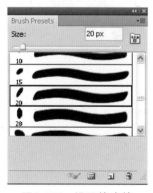

图5-197　设置橡皮擦

24 使用橡皮擦工具，在画面中擦除多余部分，如图5-198所示。

图5-198　橡皮擦修饰

25 新建"图层25"，绘制路径，单击颜色面板设置RGB分别为172、56和17，复制"图层25"，单击"减淡工具" ，设置参数并修饰图像。新建两个图层。绘制路径，设置前景色为黑色和黄色，填充颜色，如图5-199所示。

图5-199　填充颜色并修饰

26 打开随书光盘素材文件夹中名为5.8.jpg的素材图像，使用"移动工具" ，将此图像拖曳至文件中，得到最终效果如图5-200所示。

图5-200　最终效果

5.9 | 块面法——酷感套装

设计分析

块面法是运用色彩，表现服装立体的方法。具有转折明确，色彩鲜明的特点，装饰性较强。本实例主要运用"钢笔工具"绘制套装轮廓并填充颜色，制作出阴影和整体效果，使服装更具有酷感和时尚。

原始素材文件：素材\5.9.jpg
视频教学文件：第5章\5.9.avi
最终效果文件：效果\5.9.psd

设计步骤

01 按Ctrl+N键，新建一个文件，弹出对话框并设置参数，如图5-201所示。

名流 Photoshop 服装设计表现技法完全剖析

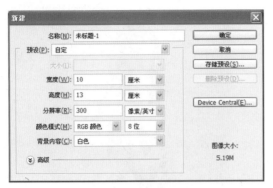

图5-201　新建文件

02 新建"图层1"，单击"钢笔工具"，绘制路径，如图5-202所示。

图5-202　绘制路径

03 单击"画笔工具"，设置"画笔工具"选项栏中画笔类型为扁平7像素，设置前景色为黑色，单击路径面板底部的"用画笔描边路径"按钮，如图5-203所示。

04 新建"图层2"，设置前景色为黑色，单击"画笔工具"，在画面中绘制，如图5-204所示。

图5-204　画笔绘制

05 新建"图层3"，设置RGB分别为251、242和221，如图6-205所示，单击"画笔工具"，在画面中绘制，如图5-206所示。

图5-203　描边路径

图5-205　设置前景色

图5-206　画笔绘制

06 新建"图层4"，单击"钢笔工具" ，绘制路径，如图5-207所示。

图5-207　绘制路径

07 设置RGB分别为55、57和46，填充颜色，如图5-208所示。

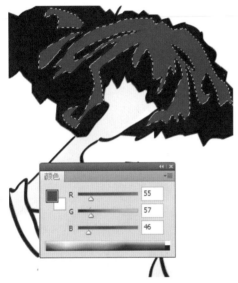

图5-208　填充前景色

08 新建"图层5"，设置RGB分别为197、197和199，填充颜色，如图5-209所示。

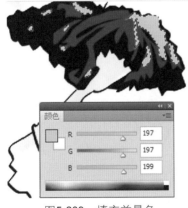

图5-209　填充前景色

09 新建"图层6"，设置前景色为黑色，在画面中绘制，如图5-210所示。

10 新建"图层7"，设置RGB分别为119、122和105，在画面中绘制，如图5-211所示。

图5-210　绘制衣服

图5-211　填充前景色

11 新建"图层8"，设置RGB分别为146、147和142，在画面中绘制，如图5-212所示。

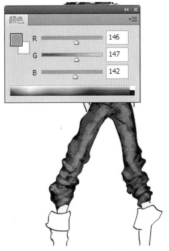

图5-212　填充前景色

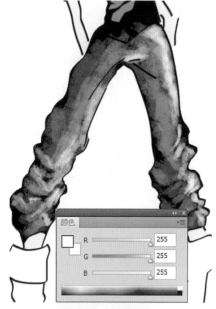

12 新建"图层9"，设置RGB分别为255、255和255，在画面中绘制，如图5-213所示。

图5-213　填充前景色

图5-215　整体效果

13 新建"图层10"，在画面中绘制，如图5-214所示。整体效果如图5-215所示。

图5-214　填充前景色

14 打开随书光盘素材文件夹中名为5.9.jpg的素材图像，使用"移动工具" ▶ 将此图像拖曳至文件中，最终效果如图5-216所示。

图5-216　最终效果

5.10 | 拓印法——淑女裙

设计分析

将软硬物体涂上颜色后，印压在画面上的绘画方法叫拓印法。因使用物品的不同，所以印制出的效果丰富多彩，可表现大整体的洒脱效果，也可表现别致的细小图案。本实例主要运用"钢笔工具"绘制大体轮廓，结合"加深工具"和"减淡工具"制作出阴影效果，再使用"钢笔工具"并结合"曲线"滤镜制作出裙子的褶皱高光效果。使用"画笔工具"为裙子上身绘制图案添加装饰，更有高雅之感。

原始素材文件：素材\5.10.jpg
视频教学文件：第5章\5.10.avi
最终效果文件：效果\5.10.psd

设计步骤

01 按Ctrl+N键，新建一个文件，弹出对话框并设置参数，如图5-217所示。

图5-217　新建文件

02 新建"图层1"，单击"钢笔工具" ✑，绘制路径，如图5-218所示。

图5-218　绘制路径

03 创建新图层组"组1"，新建"图层2"，单击"画笔工具" ✐，设置画笔类型为硬边机械3像素，设置前景色为黑色，单击路径面板底部的"用画笔描边路径"按钮 ◯，如图5-219所示。

图5-219　描边路径

04 新建"图层3"，设置前景色为0、15和10，按Ctrl+Enter键将路径作为选区载入，单击"油漆桶工具" ♦，在选区内单击鼠标右键，填充前景色到选区内，效果如图5-220所示。

图5-220　填充前景色

名流 Photoshop 服装设计表现技法完全剖析

05 单击"减淡工具" ，在"减淡工具"选项栏中设置各项参数，如图5-221所示。使用画笔工具在画面中涂抹，效果如图5-222所示。

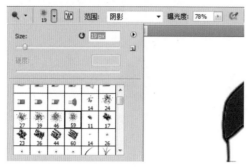

图5-221　设置减淡工具

图5-222　减淡修饰

06 单击"加深工具" ，在"加深工具"选项栏中设置各项参数，如图5-223所示。使用画笔工具在画面中涂抹，效果如图5-224所示。

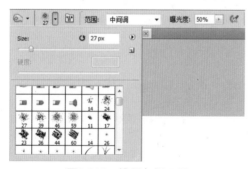

图5-223　设置加深工具

图5-224　加深修饰

07 新建"图层4"，设置前景色为253、204和73，按Ctrl+Enter键将路径作为选区载入，单击"油漆桶工具"，在选区内单击鼠标右键，填充前景色到选区内，效果如图5-225所示。

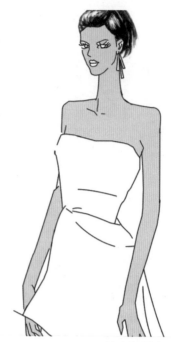

图5-225　填充前景色

08 单击"减淡工具" ，设置画笔类型为扁平扇形水彩笔32像素，范围为中间调，曝光为48%，对人物皮肤进行减淡修饰，效果如图5-226所示。

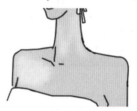

图5-226　减淡修饰

09 单击"减淡工具" ，设置画笔类型为柔边机械19像素，范围为高光，曝光为31%，对人物皮肤进行减淡修饰，效果如图5-227所示。

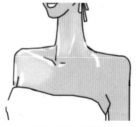

图5-227　减淡修饰

10 单击"加深工具" ，设置画笔类型为干毛巾画笔27像素，范围为阴影，曝光度为50%，在画面中进行加深修饰，效果如图5-228所示。

图5-228 加深修饰

[11] 新建"图层5",单击"画笔工具" ✐ ,在画面中绘制人物五官,如图5-229所示。

图5-229 绘制五官

[12] 新建"图层6",设置前景色为255、252和4,按Ctrl+Enter键将路径作为选区载入,单击"油漆桶工具" ✐ ,在选区内单击鼠标右键,填充前景色到选区内,效果如图5-230所示。

图5-230 填充前景色

[13] 新建"图层7",设置前景色为1、5和87,单击"画笔工具" ✐ ,在"画笔工具"选项栏中设置各项参数,如图6-231所示。使用画笔工具在画面中涂抹,效果如图5-232所示。

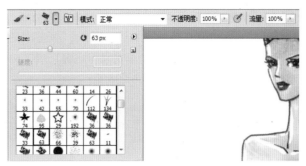

图5-231 设置画笔工具

图5-232 画笔涂抹

[14] 单击"减淡工具" ✐ ,设置画笔类型为椭圆形笔刷,笔刷大小为35像素,范围为高光,曝光为31%,对人物衣服下摆进行减淡修饰,效果如图5-233所示。

图5-233 减淡修饰

[15] 单击"加深工具" ✐ ,设置画笔类型为柔边机械61像素,范围为高光,曝光度为12%,在画面中进行加深修饰,效果如图5-234所示。

图5-234 加深修饰

16 新建"图层8"，设置前景色为51、43和166，按Ctrl+Enter键将路径作为选区载入，单击"油漆桶工具" 🪣，在选区内单击鼠标右键，填充前景色到选区内，效果如图5-235所示。

图5-235　填充前景色

17 单击"钢笔工具" ✍️，绘制路径，按Ctrl+Enter键将路径作为选区载入，如图5-236所示。

图5-236　绘制路径

18 在菜单栏中选择"选择"|"修改"|"羽化"命令，在弹出的对话框中设置羽化值为2像素，设置前景色为白色，按Alt+Delete键填充前景色到选区内，如图5-237所示。

图5-237　填充前景色

19 单击"钢笔工具" ✍️，绘制路径，按Ctrl+Enter键将路径作为选区载入，如图5-238所示。

图5-238　绘制路径

20 在菜单栏中选择"选择"|"修改"|"羽化"命令，在弹出的对话框中设置羽化值为3像素，在菜单栏中选择"图像"|"调整"|"曲线"命令，在弹出的对话框中设置参数，如图5-239所示，效果如图5-240所示。

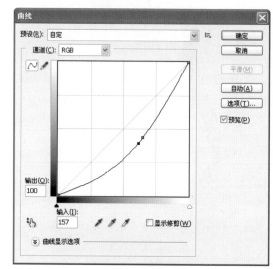

图5-239　设置曲线

图5-240　曲线效果

21 新建"图层9"，设置前景色为70、44和163，按Ctrl+Enter键将路径作为选区载入，单击"油漆桶工具" 🪣，在选区内单击鼠标右键，填充前景色到选区内，效果如图5-241所示。

图5-241　填充前景色

22 新建"图层10"，使用相同的方法为人物腿部填充颜色，如图5-242所示。

图5-242　填充前景色

23 新建"图层11"，设置前景色为238、252和10，按Ctrl+Enter键将路径作为选区载入，单击"油漆桶工具" ![油漆桶]，在选区内单击鼠标右键，填充前景色到选区内，效果如图5-243所示。

图5-243　填充前景色

24 单击"图层9"，单击"钢笔工具" ![钢笔]，绘制路径，按Ctrl+Enter键将路径作为选区载入，如图5-244所示。

图5-244　绘制路径

25 在菜单栏中选择"选择"|"修改"|"羽化"命令，在弹出的对话框中设置羽化值为5像素，设置前景色为白色，按Alt+Delete键填充前景色到选区内，如图5-245所示。

26 绘制路径，按Ctrl+Enter键将路径作为选区载入，如图5-246所示。

27 在菜单栏中选择"选择"|"修改"|"羽化"命令，在弹出的对话框中设置羽化值为4像素，效果如图5-247所示。

图5-245　填充前景色

图5-246　绘制路径

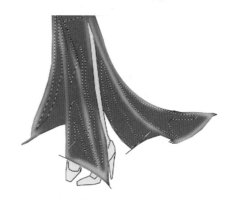

图5-247　设置羽化

28 设置前景色为深蓝色，按Alt+Delete键填充前景色到选区内，如图5-248所示。

图5-248　填充前景色

29 在菜单栏中选择"滤镜"|"艺术效果"|"粗糙蜡笔"命令，在弹出的对话框中设置参数，如图5-249所示，效果如图5-250所示。

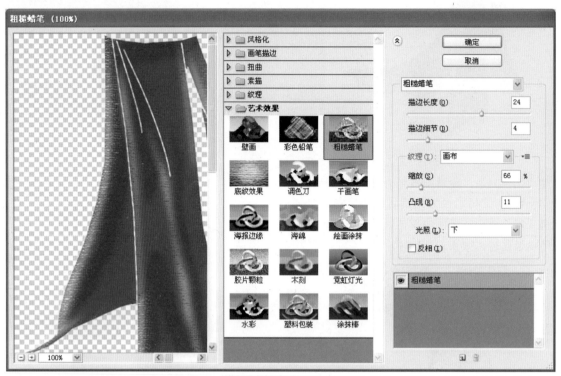

图5-249　设置粗糙蜡笔

图5-250　粗糙蜡笔效果

30 单击"减淡工具" ，设置画笔类型为扁平扇形水彩笔32像素，范围为中间调，曝光为48%，对人物鞋子进行减淡修饰，效果如图5-251所示。

图5-251　减淡修饰

31 打开随书光盘素材文件夹中名为5.10.jpg的素材图像，将此图像拖曳至文件中，得到最终效果如图5-252所示。

图5-252　最终效果

5.11 | 吹画法——飘逸长纱裙

设计分析

将含水较多的颜料置于画面上，按所需方向吹散，可出现意想不到的效果。适合绘制衬景或特殊花纹。本实例主要运用"钢笔工具"绘制长纱裙大体轮廓并填充颜色，结合"加深工具"和"减淡工具"制作出高光阴影效果，再结合"喷溅"滤镜制作出裙子的花纹图案。体现出长纱裙的飘逸之感。

原始素材文件：素材\5.11.jpg
视频教学文件：第5章\5.11.avi
最终效果文件：效果\5.11.psd

设计步骤

01 按Ctrl+N键，新建一个文件，弹出对话框并设置参数，如图5-253所示。

图5-253　新建文件

02 新建"图层1"，单击"钢笔工具" ✎ ，绘制路径，如图5-254所示。

图5-254　绘制路径

03 创建新图层组"组1"，新建"图层2"，单击"画笔工具" ✎ ，设置画笔类型为硬边机械3像素，设置前景色为黑色，单击路径面板底部的"用画笔描边路径"按钮 ◯ ，如图5-255所示。

图5-255　描边路径

04 新建"图层3"，设置前景色为3、9和23，按Ctrl+Enter键将路径作为选区载入，单击"油漆桶工具" ◇ ，在选区内单击鼠标右键，填充前景色到选区内，效果如图5-256所示。

图5-256　填充前景色

服装的特殊表现技法

第5章

197

名流 Photoshop 服装设计表现技法完全剖析

05 单击"钢笔工具" ，绘制路径，按Ctrl+Enter键将路径作为选区载入，如图5-257所示。

图5-257　绘制路径

06 在菜单栏中选择"选择"|"修改"|"羽化"命令，在弹出的对话框中设置羽化值为5像素，在菜单栏中选择"图像"|"调整"|"曲线"命令，设置参数，效果如图5-258所示。

图5-258　曲线效果

07 在菜单栏中选择"滤镜"|"画笔描边"|"喷色描边"命令，在弹出的对话框中设置参数，如图6-259所示，效果如图6-260所示。

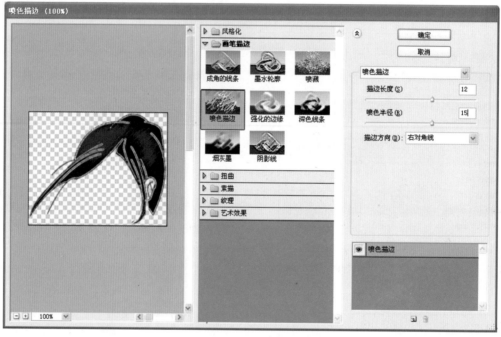

图5-259　设置喷色描边

图5-260　喷色描边效果

08 新建"图层4"，设置前景色为254、252和178，按Ctrl+Enter键将路径作为选区载入，单击"油漆桶工具" ，在选区内单击鼠标右键，填充前景色到选区内，效果如图5-261所示。

图5-261　填充前景色

09 单击"钢笔工具" ，绘制路径，按Ctrl+Enter
键将路径作为选区载入，如图5-262所示。

图5-262　绘制路径

10 在菜单栏中选择"选择"|"修改"|"羽化"命令，
在弹出的对话框中设置羽化值为 5 像素，在菜单
栏中选择"图像"|"调整"|"曲线"命令，在
弹出的对话框中设置参数，如图 5-263 所示，效
果如图 5-264 所示。

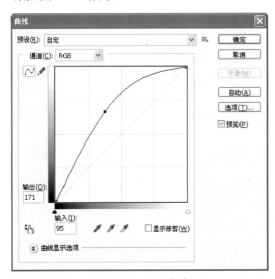

图5-263　设置曲线

图5-264　曲线效果

11 单击"钢笔工具" ，绘制路径，按Ctrl+Enter
键将路径作为选区载入，如图5-265所示。

图5-265　绘制路径

12 在菜单栏中选择"图像"|"调整"|"曲线"命
令，在弹出的对话框中设置参数，如图5-266所示，
效果如图5-267所示。

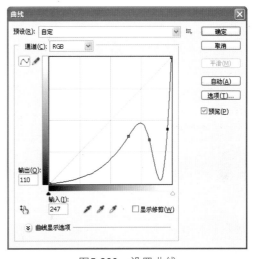

图5-266　设置曲线

图5-267　曲线效果

名流 Photoshop 服装设计表现技法完全剖析

13 新建"图层5",单击"画笔工具" ,在画面中绘制人物五官,如图5-268所示。

图5-268　绘制五官

14 单击"加深工具" 和"减淡工具" ,对人物皮肤进行加深减淡修饰,修饰后的效果如图5-269所示。

15 绘制路径,按Ctrl+Enter键将路径作为选区载入,如图5-270所示。

16 在菜单栏中选择"选择"|"修改"|"羽化"命令,在弹出的对话框中设置羽化值为2像素,设置前景色为252、67和127,在菜单栏中选择"滤镜"|"画笔描边"|"喷溅"命令,在弹出的对话框中设置参数,如图5-271所示,效果如图5-272所示。

图5-269　加深减淡修饰

图5-270　绘制路径

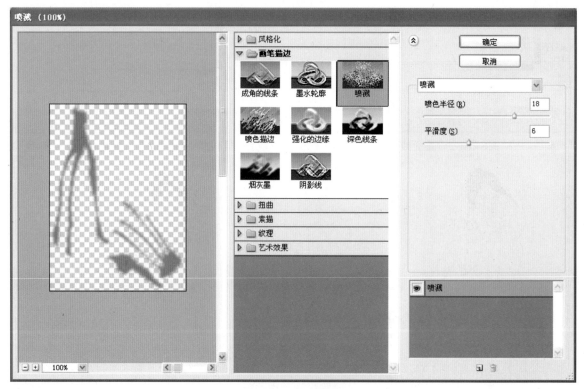

图5-271　设置喷溅

图5-272　喷溅效果

17 使用相同的方法，绘制路径并设置喷溅滤镜命令，效果如图5-273所示。

图5-273　绘制衣服图案

18 新建"图层5"，设置前景色为238、22和68，按Ctrl+Enter键将路径作为选区载入，单击"油漆桶工具" 🖌️，在选区内单击鼠标右键，填充前景色到选区内，效果如图5-274所示。

图5-274　填充前景色

19 单击"减淡工具" 🔍，设置画笔类型为柔边机械65像素，范围为高光，曝光为90%，对人物鞋子进行减淡修饰，效果如图5-275所示。

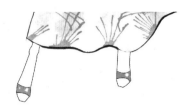

图5-275　减淡修饰

20 新建"图层6"，使用相同方法绘制腿部和脚，效果如图5-276所示。

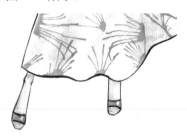

图5-276　绘制腿部和脚

21 打开随书光盘素材文件夹中名为5.11.jpg的素材图像，将此图像拖曳至文件中，得到最终效果如图5-277所示。

图5-277　最终效果

服装的特殊表现技法

5.12 | 冲洗法——高贵礼裙

设计分析

冲洗法是将适量颜料涂在画纸上，并按需要用水冲洗，垂直放好待干。冲出的效果流畅、转折细腻，适合表现轻纱等朦胧飘逸的效果。本实例主要运用"钢笔工具"绘制礼裙大体轮廓并填充颜色，再结合"海绵"滤镜为裙子添加纹理效果。

原始素材文件：素材\5.12.jpg
视频教学文件：第5章\5.12.avi
最终效果文件：效果\5.12.psd

设计步骤

01 按Ctrl+N键，新建一个文件，弹出对话框并设置参数，如图5-278所示。

图5-278 新建文件

02 新建"图层1"，单击"钢笔工具" ，绘制路径，如图5-279所示。

图5-279 绘制路径

03 创建新图层组"组1"，新建"图层2"，单击"画笔工具" ，设置画笔类型为硬边机械3像素，设置前景色为黑色，单击路径面板底部的"用画笔描边路径"按钮 ，如图5-280所示。

图5-280 描边路径

04 新建"图层3"，设置前景色为2、27和24，按Ctrl+Enter键将路径作为选区载入，单击"油漆桶工具" ，在选区内单击鼠标右键，填充前景色到选区内，效果如图5-281所示。

图5-281 填充前景色

05 单击"钢笔工具" 🖋️，绘制路径，按Ctrl+Enter键
将路径作为选区载入，单击"画笔工具" 🖌️，在
"画笔工具"选项栏中设置各项参数，如图5-282
所示。

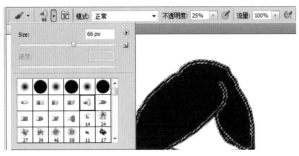

图5-282　设置画笔

06 设置前景色为3、120和95，使用画笔工具在选
区内涂抹，效果如图5-283所示。

图5-283　画笔涂抹

07 新建"图层4"，设置前景色为250、191和0，
按Ctrl+Enter键将路径作为选区载入，单击"油
漆桶工具" 🪣，在选区内单击鼠标右键，填充前
景色到选区内，效果如图5-284所示。

图5-284　填充前景色

08 单击"钢笔工具" 🖋️，绘制路径，按Ctrl+Enter键
将路径作为选区载入，如图5-285所示。

09 在菜单栏中选择"选择"|"修改"|"羽化"命令，
在弹出的对话框中设置羽化值为3像素，在菜单
栏中选择"图像"|"调整"|"曲线"命令，在
弹出的对话框中设置参数，如图5-286所示，效
果如图5-287所示。

图5-285　绘制路径

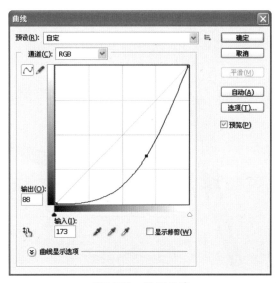

图5-286　设置曲线

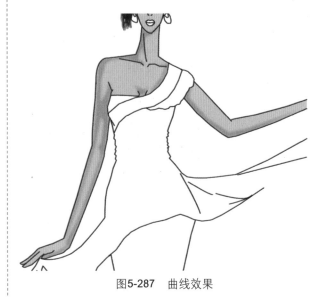

图5-287　曲线效果

10 单击"钢笔工具" 🖋️，绘制路径，按Ctrl+Enter键
将路径作为选区载入，如图5-288所示。

服装的特殊表现技法

第5章

图5-288　绘制路径

[11] 在菜单栏中选择"选择"|"修改"|"羽化"命令，在弹出的对话框中设置羽化值为3像素，设置前景色为白色，按Alt+Delete键填充前景色到选区内，效果如图5-289所示。

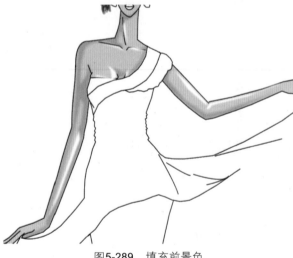

图5-289　填充前景色

[12] 新建"图层5"，单击"画笔工具" ，在画面中绘制人物五官，如图5-290所示。

图5-290　绘制五官

[13] 新建"图层6"，设置前景色为236、236和0，按Ctrl+Enter键将路径作为选区载入，单击"油

漆桶工具" ，在选区内单击鼠标右键，填充前景色到选区内，效果如图5-291所示。

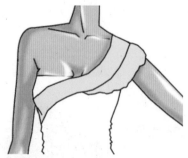

图5-291　填充前景色

[14] 绘制路径,在菜单栏中选择"选择"|"修改"|"羽化"命令，在弹出的对话框中设置参数，设置和填充前景色到选区内，效果如图5-292所示。

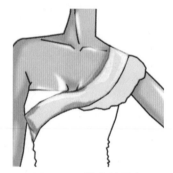

图5-292　填充前景色

[15] 使用相同的方法，填充前景色到选区内，效果如图5-293所示。

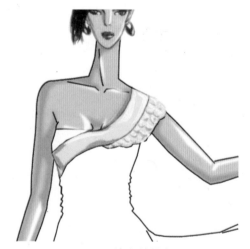

图5-293　填充前景色

[16] 新建"图层7"，设置前景色为71、12和74，按Ctrl+Enter键将路径作为选区载入，单击"油漆桶工具" ，在选区内单击鼠标右键，填充前景色到选区内，效果如图5-294所示。

[17] 单击"钢笔工具" ，绘制路径，按Ctrl+Delete键将路径作为选区载入，如图5-295所示。

图5-294 填充前景色

图5-295 绘制路径

18 在菜单栏中选择"选择"|"修改"|"羽化"命令，在弹出的对话框中设置羽化值为2像素，设置前景色为白色，按Alt+Delete键填充前景色到选区内，效果如图5-296所示。

图5-296 填充前景色

图5-298 海绵效果

19 在菜单栏中选择"滤镜"|"艺术效果"|"海绵"命令，在弹出的对话框中设置参数，如图6-297所示，效果如图5-298所示。

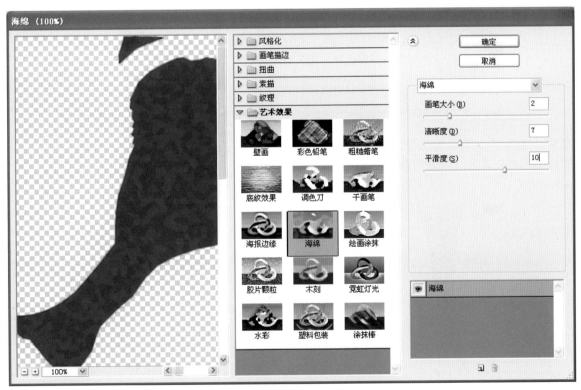

图5-297 设置海绵

20 新建"图层8"，设置前景色为234、234和0，按Ctrl+Enter键将路径作为选区载入，单击"油漆桶工具"，在选区内单击鼠标右键，填充前景色到选区内，效果如图5-299所示。

图5-299 填充前景色

21 单击"钢笔工具"，绘制路径，设置前景色为橘色，按Alt+Delete键填充前景色到选区内，效果如图5-300所示。

图5-300 填充前景色

22 单击"钢笔工具"，绘制路径，设置前景色为白色，按Alt+Delete键填充前景色到选区内，效果如图5-301所示。

图5-301 填充前景色

23 新建"图层9"，设置前景色为250、191和0，使用相同方法填充前景色到选区内，效果如图5-302所示。

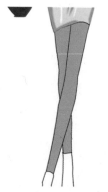

图5-302 填充前景色

24 单击"钢笔工具"，绘制路径，设置前景色为白色，按Alt+Delete键填充前景色到选区内，效果如图5-303所示。

25 单击"钢笔工具"，绘制路径，按Ctrl+Enter键将路径作为选区载入，如图5-304所示。

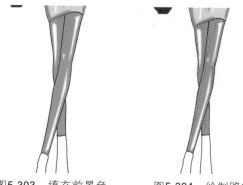

图5-303 填充前景色 图5-304 绘制路径

26 在菜单栏中选择"选择"|"修改"|"羽化"命令，在弹出的对话框中设置羽化值为2像素，在菜单栏中选择"图像"|"调整"|"曲线"命令，在弹出的对话框中设置参数，如图5-305所示，效果如图5-306所示。

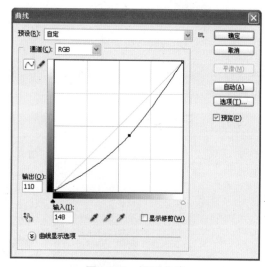

图5-305 设置曲线

图5-306 曲线效果

27 新建"图层10"，设置前景色为0、1和9，使用相同方法填充前景色到选区内，效果如图5-307所示。

图5-307　填充前景色

28 单击"钢笔工具" ，绘制路径，设置前景色为白色，按Alt+Delete键填充前景色到选区内，效果如图5-308所示。

图5-308　填充前景色

29 新建"图层11"，设置前景色为143、28和157，使用相同方法填充前景色到选区内，效果如图5-309所示。

图5-309　填充前景色

30 在菜单栏中选择"滤镜"|"艺术效果"|"粗糙蜡笔"命令，在弹出的对话框中设置参数，如图5-310所示，效果如图5-311所示。

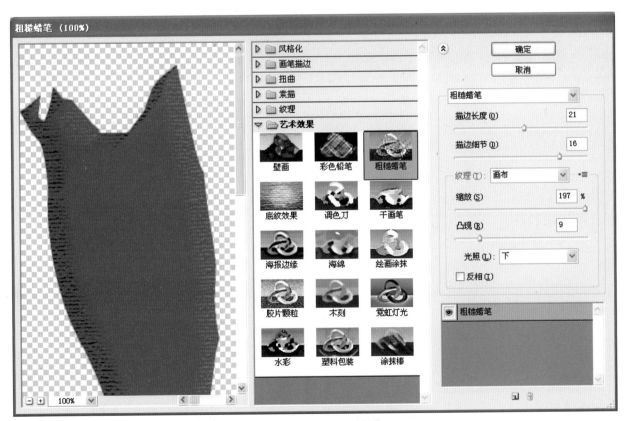

图5-310　设置粗糙蜡笔

图5-311　粗糙蜡笔效果

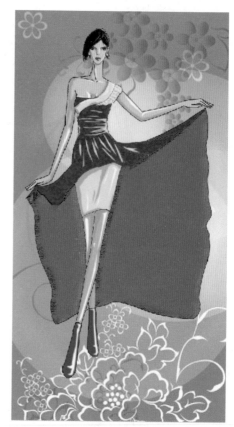

31 打开随书光盘素材文件夹中名为5.12.jpg的素
材图像，将此图像拖曳至文件中，得到最终效
果如图5-312所示。

图5-312　最终效果

第 **6** 章

童装表现技法

6.1 | 休闲酷装

设计分析

本实例主要运用"钢笔工具"绘制大体轮廓并填充颜色，使用图层样式为领巾添加图案，体现领巾的质感，结合使用"钢笔工具"绘制服装上的图案，表现服装休闲、帅气的效果。

原始素材文件：素材\6.1.jpg
视频教学文件：第6章\6.1.avi
最终效果文件：效果\6.1.psd

设计步骤

01 按Ctrl+N键，新建一个文件，弹出对话框并设置参数，如图6-1所示。

图6-1　新建文件

02 新建"图层1"，单击"钢笔工具" ✐，绘制路径，如图6-2所示。

图6-2　绘制路径

03 单击"画笔工具" ✐，设置画笔类型为椭圆5像素，单击路径面板底部的"用画笔描边路径"按钮 ⬭，如图6-3所示。

图6-3　描边路径

04 创建新图层组"组1"，新建"图层2"，单击"画笔工具" ✐，设置画笔类型为粗头水彩笔65像素，不透明度和流量为60%，设置前景色为251、171和107，绘制人物的脸部，如图6-4所示。

图6-4　绘制人物脸部

05 单击"画笔工具" ✐，使用同样的方法涂抹，效果如图6-5所示。

图6-5 画笔涂抹

06 新建"图层3"，设置前景色为55、189和190，载入衣服选区，填充颜色，效果如图6-6所示。

图6-6 载入选区并填充颜色

07 新建"图层4"，选择"自定形状工具" ✐，设置形状为太阳1，设置前景色为249、21和86，在画面中绘制图案，效果如图6-7所示。

图6-7 绘制图案

08 新建"图层5"，单击"画笔工具" ✐，设置画笔大小为10像素，设置前景色为白色，在画面中绘制云朵，效果如图6-8所示。

09 新建"图层6"，设置前景色为103、211和149，载入选区并填充颜色，如图6-9所示。

图6-8 绘制云朵

图6-9 载入选区并填充颜色

10 新建"图层7"，设置前景色为227、193和70，载入选区并填充颜色，效果如图6-10所示。使用相同的方法在画面中绘制，效果如图6-11所示。

图6-10 载入选区并填充颜色

图6-11 载入选区并填充颜色

名流 Photoshop 服装设计表现技法完全剖析

11 新建"图层8"，设置前景色为251、61和79，单击"画笔工具" ✐，在画面中进行涂抹，效果如图6-12所示。

图6-12　画笔涂抹

12 单击图层面板下方的"添加图层样式"按钮 *fx.*，在下拉菜单中选择"图案叠加"命令，设置参数对话框如图6-13所示。得到效果如图6-14所示。

图6-13　图案叠加设置

图6-14　图层样式效果

13 新建"图层9"，设置前景色为253、222和195，单击"画笔工具" ✐，在画面中进行涂抹，效果如图6-15所示。

图6-15　画笔涂抹

14 单击"减淡工具" ◌，设置画笔类型为柔边机械43像素，范围为中间调，曝光为95%，在画面中进行减淡修饰，效果如图6-16所示。

图6-16　减淡修饰

15 创建新图层组"组2"，新建"图层10"，设置前景色为249、246和29，载入选区并填充颜色，效果如图6-17所示。

图6-17　载入选区并填充颜色

16 新建"图层11"，单击"钢笔工具" ✐，绘制路径，如图7-18所示。

图6-18 绘制路径

17 设置前景色为250、77和124，设置背景色为198、5和57，单击"渐变工具" ，将路径作为选区载入，在选区内拉出渐变颜色，效果如图6-19所示。

18 使用相同的方法在画面中绘制，如图6-20所示。

图6-19 渐变填充　　图6-20 绘制路径并渐变填充

19 复制多个图案摆放在画面中，选择裤子路径，将路径转换为选区，然后反选并删除多余的图像，效果如图6-21所示。

图6-21 绘制多个图案

20 新建"图层12"，单击"钢笔工具" ，绘制路径，将路径转换为选取后填充颜色，使用同样的方法在画面中绘制，效果如图6-22所示。

图6-22 绘制路径并填充颜色

21 复制"图层12"，将复制好的副本图层摆放在适当的位置，如图6-23所示。

图6-23 复制图像

22 使用相同的方法绘制人物的鞋子，效果如图6-24所示。

图6-24 绘制人物鞋子

23 打开随书光盘素材文件夹中名为6.1.jpg的素材图像，将此图像拖曳至文件中，得到最终效果如图6-25所示。

图6-25 最终效果

童装表现技法

第6章

213

6.2 | 公主裙

设计分析

本实例主要运用"钢笔工具"绘制服装的大体轮廓，结合使用"画笔工具"涂抹出服装整体和阴影效果，使用图层样式为衣服和挎包添加图案，体现质感和立体感。

原始素材文件：素材\6.2.jpg
视频教学文件：第6章\6.2.avi
最终效果文件：效果\6.2.psd

设计步骤

01 按Ctrl+N键，新建一个文件，弹出对话框并设置参数，如图6-26所示。

图6-26　新建文件

02 创建新图层组"组1"，新建"图层1"，单击"钢笔工具" ，绘制路径，如图6-27所示。

图6-27　绘制路径

03 单击"画笔工具" ，设置画笔类型为肩平5像素，设置前景色为76、41和4，单击路径面板底部的"用画笔描边路径"按钮 ，如图6-28所示。

04 新建"图层2"，单击"画笔工具" ，设置画笔类型为中头浅纹理41像素，不透明度和流量为60%，设置前景色为250、204和168，在画面中进行涂抹，效果如图6-29所示。

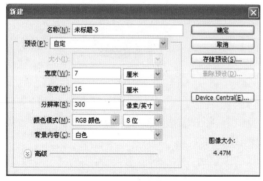

图6-28　描边路径

图6-29　画笔涂抹

05 新建"图层3"，设置前景色为245、61和113，单击"画笔工具" ，在画面中进行涂抹，效果如图6-30所示。

图6-30　画笔涂抹

06 使用同样的方法绘制人物的眼睛和睫毛，效果如图6-31所示。

图6-31　绘制人物眼睛和睫毛

07 创建新图层组"组2"，新建"图层6"，单击 "画笔工具" ✐，设置画笔类型为硬边机械30像素，不透明度和流量为80%，设置前景色为153、97和36，在画面中涂抹，效果如图6-32所示。

图6-32　画笔涂抹

08 新建"图层7"，设置前景色为89、48和7，单击"画笔工具" ✐，在画面中涂抹，效果如图6-33所示。

图6-33　画笔涂抹

09 新建"图层8"，设置前景色为221、153和62，单击"画笔工具" ✐，在画面中涂抹，效果如图6-34所示。

图6-34　画笔涂抹

10 新建"图层9"，设置前景色为232、61和102，单击"画笔工具" ✐，在画面中涂抹出人物头上的饰品，效果如图6-35所示。

图6-35　画笔涂抹

11 创建新图层组"组3"，新建"图层10"，单击"钢笔工具" ✐，绘制路径，单击"画笔工具" ✐，设置画笔类型为肩平4像素，设置前景色为黑色，单击路径面板底部的"用画笔描边路径"按钮 ○，如图6-36所示。

图6-36　绘制路径并描边

12 新建"图层11"，单击"画笔工具" ✐，设置画笔类型为柔边机械21像素，在画面中为人物的脖子和手上色，效果如图6-37所示。

图6-37　绘制人物脖子和手

13 新建"图层12",单击"画笔工具" ✐,设置不透明度为80%,设置前景色为179、250和243,为人物的衣服上色,效果如图6-38所示。

14 新建"图层13",设置前景色为18、215和194,单击"画笔工具" ✐,在画面中涂抹出人物衣服上的阴影效果,如图6-39所示。

图6-38　绘制衣服

图6-39　绘制衣服阴影

15 选择"图层12",在菜单栏中选择"滤镜"|"艺术效果"|"粗糙蜡笔"命令,在弹出的对话框中设置参数,如图6-40所示。

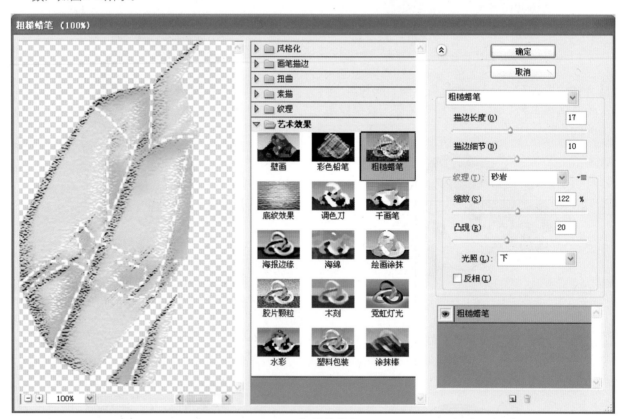

图6-40　粗糙蜡笔设置

16 选择"图层13",按Ctrl+F键重复滤镜操作,效果如图6-41所示。

17 新建"图层14",单击"画笔工具" ✐,使用相同的方法绘制人物衣服上的纽扣,按Ctrl+F键重复滤镜操作,效果如图6-42所示。

18 新建"图层15",设置前景色为252、189和181,单击"画笔工具" ✐,在画面中进行涂抹,按Ctrl+F键重复滤镜操作,效果如图6-43所示。

图6-41 粗糙蜡笔效果

图6-42 绘制衣服上的纽扣

图6-43 画笔涂抹

19 新建"图层16",选择"自定形状工具" ✿,在画面中绘制图案,按Ctrl+F键重复滤镜操作,效果如图6-44所示。

图6-44 绘制图案

20 新建"图层17",单击"画笔工具" ✎,为人物的背包上色,效果如图6-45所示。

图6-45 绘制背包

21 单击图层面板下方的"添加图层样式"按钮 _fx_.,在下拉菜单中选择"图案叠加"命令,设置参数对话框如图6-46所示。得到效果如图6-47所示。

图6-46 图案叠加设置

图6-47 图层样式效果

22 新建"图层18",设置前景色为248、143和165,单击"画笔工具" ✎,在画面中涂抹。按Ctrl+F键重复滤镜操作,效果如图6-48所示。

名流

Photoshop

服装设计表现技法完全剖析

图6-48　画笔涂抹

23 新建"图层19"，单击"画笔工具" ✐，为人物裙子上色，按Ctrl+F键重复滤镜操作，效果如图6-49所示。

图6-49　绘制裙子

24 新建"图层20"，设置前景色为249、81和117，单击"画笔工具" ✐，在画面中涂抹裙子上的阴影，按Ctrl+F键重复滤镜操作，效果如图6-50所示。

图6-50　绘制裙子阴影

25 新建"图层21"，使用同样的方法在画面中绘制，效果如图6-51所示。

图6-51　画笔绘制

26 新建"图层22"、"图层23"、"图层24"，使用相同的方法绘制人物手中的玩具，效果如图6-52所示。

图6-52　绘制玩具

27 创建新图层组"组4"，新建"图层25"，单击"钢笔工具" ✐，绘制路径，如图6-53所示。

图6-53　绘制路径

28 新建"图层26"，单击"画笔工具" ✐，为人物的腿部上色，按Ctrl+F键重复滤镜操作，效果如图6-54所示。

图6-54　绘制腿部

29 单击"画笔工具" ，使用相同的方法在画面中绘制，效果如图6-55所示。

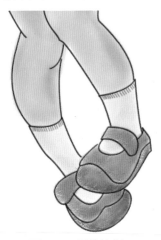

图6-55　画笔绘制

30 打开随书光盘素材文件夹中名为6.2.jpg的素材图像，将此图像拖曳至文件中，得到最终效果如图6-56所示。

图6-56　最终效果

6.3 | 乖巧女童装

设计分析

本实例主要运用"画笔工具"涂抹出服装整体和阴影效果，结合使用"钢笔工具"为女童装绘制大体轮廓，使用图层样式为衣服添加图案，体现服装的质感，再绘制小花图案装饰服装，表现女童装的乖巧与可爱。

最终效果文件：效果\6.3.psd
视频教学文件：第6章\6.3.avi

设计步骤

01 按Ctrl+N键，新建一个文件，弹出对话框并设置参数，如图6-57所示。

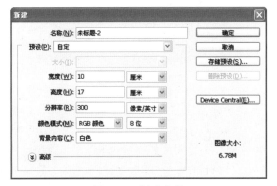

图6-57　新建文件

02 新建"图层1"，设置前景色为224、157和44，填充颜色，如图6-58所示。

03 单击图层面板下方的"添加图层样式"按钮 fx.，在下拉菜单中选择"图案叠加"命令，设置参数对话框如图7-59所示。得到效果如图6-60所示。

04 单击"钢笔工具" ✎，在画面中绘制路径，如图6-61所示。

05 新建"图层2"，单击"画笔工具" ✎，设置画笔类型为椭圆5像素，单击路径面板底部的"用画笔描边路径"按钮 ○，如图6-62所示。

名流 Photoshop 服装设计表现技法完全剖析

图6-58　填充颜色

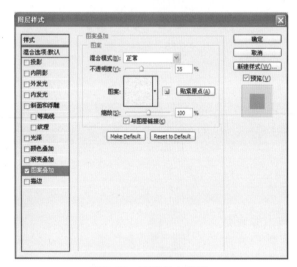

图6-59　图案叠加设置

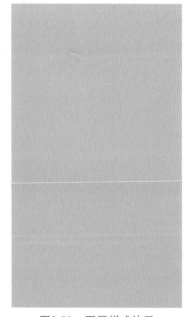

图6-60　图层样式效果

图6-61　绘制路径

图6-62　描边路径

06 创建新图层组"组1"，新建"图层3"，单击"画笔工具" ，设置画笔类型为粗头水彩笔65像素，不透明度和流量为80%，设置前景色为228、156和54，在画面中进行涂抹，效果如图6-63所示。

图6-63 画笔涂抹

07 新建"图层4",设置前景色为167、118和52,单击"画笔工具" ✐,在画面中进行涂抹,效果如图6-64所示。

图6-64 画笔涂抹

08 设置前景色为黑色,单击"画笔工具" ✐,在画面中涂抹出人物的眼睛颜色,如图6-65所示。

图6-65 绘制人物眼睛

09 新建"图层5",设置前景色为110、58和18,单击"画笔工具" ✐,在画面中进行涂抹,效果如图6-66所示。

图6-66 画笔涂抹

10 设置前景色为215、166和63,单击"画笔工具" ✐,在人物的头发进行涂抹,效果如图6-67所示。

图6-67 绘制人物头发

11 新建"图层6",设置前景色为101、65和17,单击"画笔工具" ✐,设置画笔类型为点刻10像素,不透明度和流量为100%,在画面中涂抹出人物的头发,效果如图6-68所示。

图6-68 绘制人物头发

12 新建"图层7",设置前景色为242、177和106,单击"画笔工具" ✐,涂抹出人物的头饰,效果如图6-69所示。

图6-69 绘制人物头饰

13 创建新图层组"组2",新建"图层8",设置前景色为231、158和49,单击"画笔工具" ✐,在画面中涂抹出人物的皮肤效果,如图6-70所示。

14 新建"图层9",设置前景色为248、229和167,单击"画笔工具" ✐,在画面中涂抹出人物的衣服颜色,效果如图6-71所示。

图6-70 绘制人物皮肤

图6-71 绘制人物衣服

15 单击图层面板下方的"添加图层样式"按钮 fx，在下拉菜单中选择"图案叠加"命令，设置参数对话框如图6-72所示。得到效果如图6-73所示。

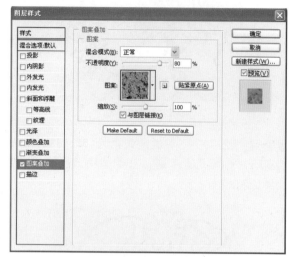

图6-72 图案叠加设置

图6-73 图层样式效果

16 新建"图层10"，选择"自定形状工具" ，设置形状为花6，设置前景色为212、53和68，在画面中绘制图案，按Ctrl+T键显示调整框并调整图形角度，如图6-74所示。

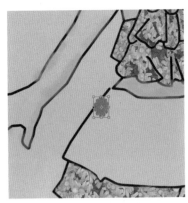

图6-74 绘制图案

17 选择"自定形状工具" 🌸，设置形状为花7，在画面中绘制图案，效果如图6-75所示。

图6-75 绘制图案

18 使用同样的方法绘制出小花，效果如图6-76所示。

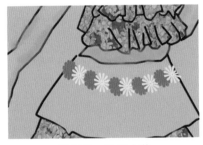

图6-76 绘制小花

19 新建"图层11"，设置前景色为208、76和1，单击"画笔工具" ✍，在画面中进行涂抹，效果如图6-77所示。

图6-77 画笔涂抹

20 新建"图层12"，设置前景色为184、74和11，单击"画笔工具" ✍，在画面中涂抹出人物裙子的纹理，效果如图6-78所示。

图6-78 绘制人物裙子纹理

21 新建"图层13"，设置前景色为252、166和31，单击"画笔工具" ✍，在画面中涂抹出人物裙子上的阴影效果，如图6-79所示。

图6-79 绘制人物裙子阴影

22 新建"图层14"，使用相同的方法绘制，效果如图6-80所示。

图6-80 画笔绘制

名流 Photoshop 服装设计表现技法完全剖析

23 创建新图层组"组3",新建"图层15",单击"画笔工具" ，设置画笔类型为粗头水彩笔20像素,设置前景色为227、106和13,在画面中涂抹出人物鞋子的颜色,如图6-81所示。

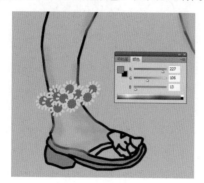

图6-81　绘制人物鞋子

24 新建"图层16",设置前景色为185、24和231,单击"画笔工具" ，在画面中涂抹,效果如图6-82所示。

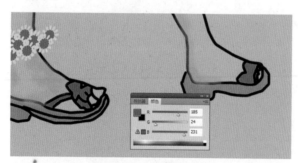

图6-82　画笔绘制

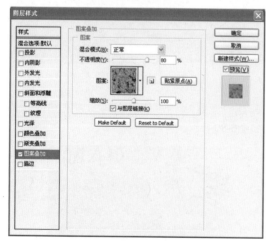

图6-83　图案叠加参数设置

25 单击图层面板下方的"添加图层样式"按钮 fx ,在下拉菜单中选择"图案叠加"命令,设置参数对话框如图6-83所示。得到效果如图6-84所示。最终效果如图6-85所示。

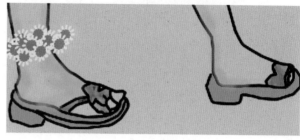

图6-84　图层样式效果

图6-85　最终效果

6.4 | 时尚套裙

设计分析

本实例主要运用"钢笔工具"绘制套裙的轮廓并填充颜色，结合使用"画笔工具"涂抹出服装整体和阴影效果。

原始素材文件：素材\6.4.jpg
视频教学文件：第6章\6.4.avi
最终效果文件：效果\6.4.psd

设计步骤

01 按Ctrl+N键，新建一个文件，弹出对话框并设置参数，如图6-86所示。

图6-86 新建文件

02 新建"图层1"，单击"钢笔工具" ，绘制路径，如图6-87所示。

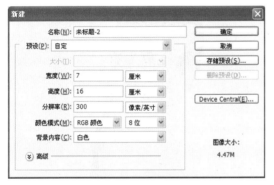

图6-87 绘制路径

03 创建新图层组"组1"，新建"图层2"，单击"画笔工具" ，单击路径面板底部的"用画笔描边路径"按钮 ，如图6-88所示。

图6-88 描边路径

04 新建"图层3"，设置前景色为250、204和168，单击"画笔工具" ，在画面中绘制出人物脸部皮肤，效果如图6-89所示。

图6-89 绘制人物脸部

05 新建"图层4"，设置前景色为245、61和113，单击"画笔工具" ，在画面中绘制出人物脸部肤色，效果如图6-90所示。

童装表现技法

第6章

名流

Photoshop

服装设计表现技法完全剖析

图6-90 绘制人物脸部

06 新建"图层5"，设置前景色为120、106和42，单击"画笔工具" ✐，在画面中绘制出人物眼睛，如图6-91所示。

图6-91 绘制人物眼睛

07 设置前景色为黑色，使用同样的方法在画面中绘制出人物眼睛，如图6-92所示。

图6-92 绘制人物眼睛

08 新建"图层6"，设置前景色为157、93和36，单击"画笔工具" ✐，在画面中绘制出人物头发，如图6-93所示。

图6-93 绘制人物头发

09 设置前景色为89、48和7，单击"画笔工具" ✐，在画面中绘制出人物头发阴影效果，如图6-94所示。

图6-94 绘制人物头发阴影

10 设置前景色为221、153和62，单击"画笔工具" ✐，在画面中绘制出人物头发高光效果，如图6-95所示。

图6-95 绘制人物头发高光

11 创建新图层组"组2"，新建"图层7"，单击"钢笔工具" ✐，绘制路径，如图6-96所示。

图6-96 绘制路径

12 新建"图层8"，单击"画笔工具" ，设置画笔类型为硬边机械3像素，设置前景色为234、180和203，在画面中绘制出人物衣服，如图6-97所示。

图6-97 绘制人物衣服

13 单击"加深工具" ，设置画笔类型为柔边机械29像素，范围为中间调，曝光度为91%，在画面中涂抹出衣服的阴影效果，如图6-98所示。

14 新建"图层9"，设置前景色为250、204和168，单击"画笔工具" ，在画面中绘制出人物脖子和手部皮肤，如图6-99所示。

图6-98 加深修饰

图6-99 绘制人物脖子和手

15 新建"图层10"，单击"椭圆选框工具" ，绘制椭圆选区，如图6-100所示。

图6-100 绘制椭圆选区

16 设置前景色为255、202和225，按Altl+Delete键将前景色填充到选区内，如图6-101所示。

名流 Photoshop 服装设计表现技法完全剖析

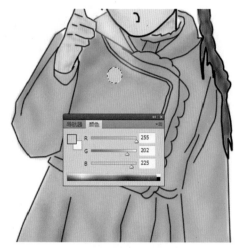

图6-101 填充前景色

图6-103 复制图像

17 单击"椭圆选框工具"⭕，绘制椭圆选区，设置前景色为白色，按Altl+Delete键将前景色填充到选区内，单击"加深工具"🖐，设置画笔类型为柔边机械15像素，范围为高光，曝光度为15%，在画面中涂抹出衣扣的高光效果，如图6-102所示。

19 在菜单栏中选择"滤镜"|"艺术效果"|"粗糙蜡笔"命令，在弹出的对话框中设置参数，如图6-104所示，效果如图6-105所示。

图6-102 绘制椭圆并加深修饰

18 复制"图层10"，并将复制好的副本图层移动到合适的位置，如图6-103所示。

图6-105 粗糙蜡笔效果

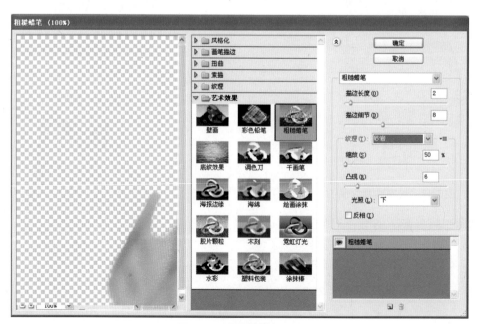

图6-104 粗糙蜡笔设置

20 新建"图层11"、"图层12"，单击"画笔工具" ✎，在画面中绘制腿部皮肤，效果如图6-106所示。

图6-106　绘制人物腿部

21 打开随书光盘素材文件夹中名为6.4.jpg的素材图像，将此图像拖曳至文件中，得到最终效果如图6-107所示。

图6-107　最终效果

6.5 | 儿童大衣

设计分析

本实例主要运用"钢笔工具"绘制儿童大衣的大体轮廓，结合使用"动感模糊"和"添加杂色"滤镜制作出帽子的质感效果，使用图层样式为大衣添加图案，表现出大衣的纹理。

原始素材文件：素材\6.5.jpg
视频教学文件：第6章\6.5.avi
最终效果文件：效果\6.5.psd

设计步骤

01 按Ctrl+N键，新建一个文件，弹出对话框并设置参数，如图6-108所示。

02 新建"图层1"，单击"钢笔工具" ✎，绘制路径，如图6-109所示。

03 创建新图层组"组1"，新建"图层2"，单击"画笔工具" ✎，设置画笔类型为硬边机械3像素，单击路径面板底部的"用画笔描边路径"按钮 ◯，如图6-110所示。

名流 Photoshop 服装设计表现技法完全剖析

图6-108　新建文件

图6-109　绘制路径

图6-110　描边路径

04 新建"图层3"，设置前景色为25、26和20，单击"画笔工具" 🖌️，在画面中涂抹出人物帽子，效果如图6-111所示。

图6-111　绘制人物帽子

05 新建"图层4"，设置前景色为218、173和144，单击"画笔工具" 🖌️，在画面中涂抹出人物脸部皮肤，效果如图6-112所示。

图6-112　绘制人物脸部

06 单击"加深工具" 🖌️，设置画笔类型为柔边机械23像素，范围为中间调，曝光度为20%，在画面中涂抹出脸部皮肤的阴影效果，设置前景色为黑色，单击"画笔工具" 🖌️，在画面中涂抹出人物眼睛，效果如图6-113所示。

图6-113　绘制人物眼睛

07 在菜单栏中选择"滤镜"|"杂色"|"添加杂色"命令，在弹出的对话框中设置参数，如图6-114所示。

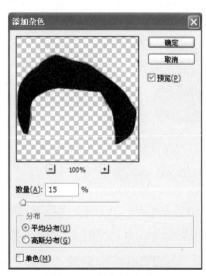

图6-114　添加杂色设置

08 在菜单栏中选择"滤镜"|"模糊"|"动感模糊"命令，在弹出的对话框中设置参数，如图7-115所示，效果如图6-116所示。

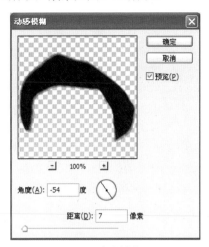

图6-115　动感模糊设置

图6-116　动感模糊效果

09 新建"图层5"，单击"钢笔工具" ，绘制路径，如图6-117所示。

图6-117　绘制路径

10 单击"画笔工具" ，设置画笔类型为硬边机械3像素，单击路径面板底部的"用画笔描边路径"按钮 ，如图6-118所示。

图6-118　描边路径

11 设置前景色为211、158和126，单击"画笔工具" ，在画面中涂抹出人物脖子的肤色，效果如图6-119所示。

图6-119　绘制人物脖子

12 单击"加深工具" ，设置画笔类型为柔边机械12像素，范围为高光，曝光度为20%，在画面中涂抹出脖子皮肤的阴影效果，如图6-120所示。

图6-120　加深修饰

13 新建"图层6"，单击"椭圆选框工具" ，绘制椭圆选区，如图6-121所示。

图6-121　绘制椭圆选区

14 设置前景色为黑色，按Altl+Delete键将前景色填充到选区内，如图6-122所示。

15 单击图层面板下方的"添加图层样式"按钮 fx.，在下拉菜单中选择"斜面和浮雕"命令，设置参数对话框如图6-123所示。得到效果如图6-124所示。

图6-122　填充前景色

童装表现技法

第6章

231

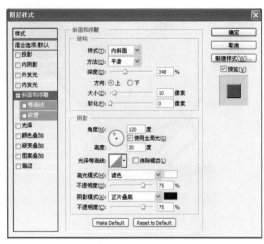

图6-123　斜面和浮雕设置

图6-124　图层样式效果

16 新建"图层7"，单击"钢笔工具" ，绘制路径，如图6-125所示。

图6-125　绘制路径

17 单击"画笔工具" ，设置画笔类型为硬边机械3像素，单击路径面板底部的"用画笔描边路径"按钮 ，如图6-126所示。

18 设置前景色为185、75和32，单击"画笔工具" ，在画面中涂抹出人物的衣服，效果如图6-127所示。

19 单击图层面板下方的"添加图层样式"按钮 ，在下拉菜单中选择"图案叠加"命令，设置参数对话框如图6-128所示。得到效果如图6-129所示。

图6-126　描边路径

图6-127　绘制衣服

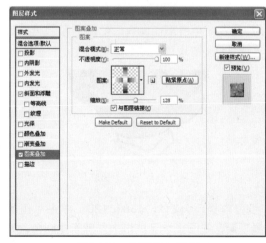

图6-128　图案叠加设置

图6-129　图层样式效果

20 在菜单栏中选择"滤镜"|"杂色"|"添加杂色"命令，在弹出的对话框中设置参数，如图6-130所示。

图6-130　添加杂色设置

21 在菜单栏中选择"滤镜"|"模糊"|"动感模糊"命令，在弹出的对话框中设置参数，如图6-131所示。

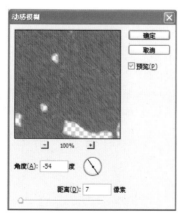

图6-131　动感模糊设置

22 在菜单栏中选择"滤镜"|"杂色"|"添加杂色"命令，在弹出的对话框中设置参数，如图6-132所示，效果如图6-133所示。

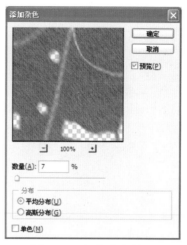

图6-132　添加杂色设置

图6-133　添加杂色效果

23 单击"加深工具" ，设置画笔类型为柔边机械30像素，范围为中间调，曝光度为33%，在画面中涂抹出衣服的阴影效果，如图6-134所示。

图6-134　加深修饰

24 复制"图层6",将复制好的副本图层摆放到合适的位置,新建"图层8",设置前景色为黑色,单击"画笔工具" ,在画面中涂抹出衣服口袋,效果如图6-135所示。

图6-135　绘制衣服口袋

25 新建"图层9",单击"钢笔工具" ,绘制路径,如图6-136所示。

26 单击"画笔工具" ,在画面中涂抹出裤子和鞋子,效果如图6-137所示。

图6-136　绘制路径

图6-137　绘制裤子和鞋子

27 打开随书光盘素材文件夹中名为6.5.jpg的素材图像,将此图像拖曳至文件中,得到最终效果如图6-138所示。

图6-138　最终效果

6.6 ｜ 牛仔套装

设计分析

本实例主要运用"钢笔工具"绘制服装的轮廓,结合使用"画笔工具"涂抹出服装整体效果,再结合"加深工具"和"减淡工具"绘制出高光阴影,使用图层样式为衣服添加图案,体现出衣服的纹理效果。

原始素材文件：素材\6.6.jpg
视频教学文件：第6章\6.6.avi
最终效果文件：效果\6.6.psd

设计步骤

01 按Ctrl+N键,新建一个文件,弹出对话框并设置参数,如图6-139所示。

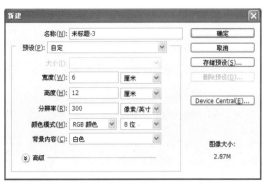

图6-139　新建文件

02　新建"图层1"，单击"钢笔工具"✐，绘制路径，如图6-140所示。

图6-140　绘制路径

03　创建新图层组"组1"，新建"图层2"，单击"画笔工具"✐，设置画笔类型为硬边机械3像素，流量为90%，单击路径面板底部的"用画笔描边路径"按钮 ⚪，如图6-141所示。

图6-141　描边路径

04　新建"图层3"，设置前景色为241、187和158，单击"画笔工具"✐，设置画笔类型为柔边机械22像素，不透明度为60%，流量为70%，在画面中涂抹出人物脸部和胳膊，效果如图6-142所示。

05　单击"加深工具"◉，设置画笔类型为柔边机械25像素，范围为中间调，曝光度为18%，在画面中涂抹出阴影效果，如图6-143所示。

图6-142　绘制人物脸部和胳膊

图6-143　加深修饰

06　新建"图层4"，设置前景色为96、70和55，单击"画笔工具"✐，设置画笔类型为柔边机械8像素，不透明度和流量为60%，在画面中涂抹出人物头发，效果如图6-144所示。

图6-144　绘制人物头发

07　新建"图层5"、"图层6"，单击"画笔工具"✐，使用相同的方法涂抹出人物头饰，效果如图6-145所示。

图6-145　绘制人物头饰

08 新建"图层7"，设置前景色为205、86和130，单击"画笔工具" ，在画面中涂抹出人物头饰，如图6-146所示。

图6-146　绘制人物头饰

09 单击图层面板下方的"添加图层样式"按钮 *fx.*，在下拉菜单中选择"图案叠加"命令，设置参数对话框如图6-147所示。得到效果如图6-148所示。

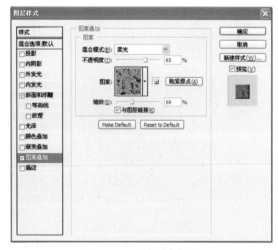

图6-147　图案叠加设置

图6-148　图层样式效果

10 新建"图层8"，设置前景色为黑色，单击"画笔工具" ，在画面中涂抹出人物眼睛，如图6-149所示。

图6-149　绘制人物眼睛

11 新建"图层9"，设置前景色为233、104和153，单击"画笔工具" ，在画面中涂抹出人物袖口，如图6-150所示。

图6-150　绘制人物袖口

12 在菜单栏中选择"滤镜" | "纹理" | "纹理化"命令，在弹出的对话框中设置参数，如图6-151所示。

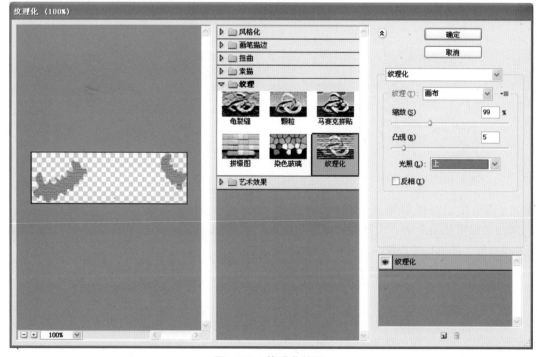

图6-151　纹理化设置

13 在菜单栏中选择"滤镜"|"模糊"|"动感模糊"命令，在弹出的对话框中设置参数，如图6-152所示，效果如图6-153所示。

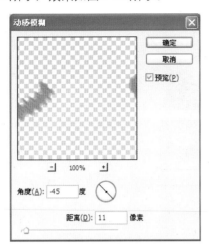

图6-152　动感模糊设置

图6-153　动感模糊效果

14 单击"加深工具" 🖉，设置画笔类型为柔边机械11像素，范围为中间调，曝光度为38%，单击"减淡工具" 🔍，设置画笔类型为柔边机械13像素，范围为中间调，曝光为54%，对人物袖口进行修饰，效果如图6-154所示。

图6-154　加深减淡修饰

15 新建"图层10"，单击"钢笔工具" ✎，绘制路径，如图6-155所示。

16 单击"画笔工具" ✏，设置画笔类型为硬边机械3像素，流量为90%，单击路径面板底部的"用画笔描边路径"按钮 ◎，如图6-156所示。

图6-155　绘制路径

图6-156　描边路径

17 新建"图层11"，设置前景色为45、17和122，单击"画笔工具" ✏，在画面中涂抹出人物的衣服，效果如图6-157所示。

图6-157　绘制人物衣服

18 在菜单栏中选择"滤镜"|"纹理"|"纹理化"命令，在弹出的对话框中设置参数，如图6-158所示。

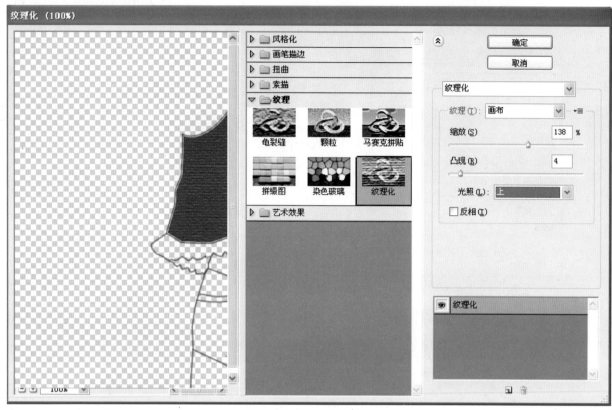

图6-158　纹理化设置

19 在菜单栏中选择"滤镜"|"锐化"|"USM锐化"命令，在弹出的对话框中设置参数，如图6-159所示，效果如图6-160所示。

图6-160　USM锐化效果

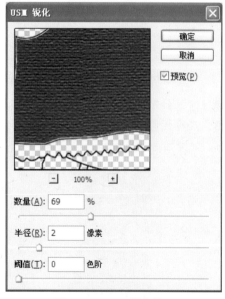

图6-159　USM锐化设置

20 在菜单栏中选择"图像"|"调整"|"曲线"命令，在弹出的对话框中设置参数，如图6-161所示，效果如图6-162所示。

21 单击图层面板下方的"添加图层样式"按钮 fx.，在下拉菜单中选择"图案叠加"命令，设置参数对话框如图6-163所示。得到效果如图6-164所示。

22 单击图层面板底部的"创建新的填充或调整图层"按钮 ◑.，选择色彩平衡，在弹出的对话框中设置参数，如图6-165所示，效果如图6-166所示。

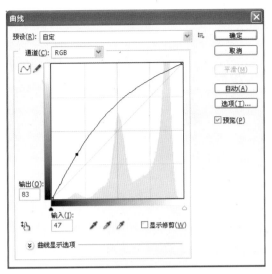

图6-161　曲线设置

图6-162　曲线效果

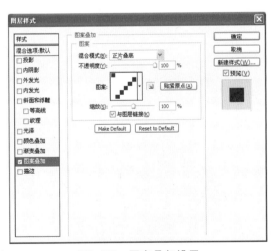

图6-163　图案叠加设置

图6-164　图层样式效果

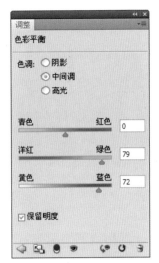

图6-165　色彩平衡设置

图6-166　色彩平衡效果

23 单击"减淡工具" 🔍，设置画笔类型为柔边机械24像素，范围为高光，曝光为10%，在画面中进行修饰，效果如图6-167所示。

图6-167　减淡修饰

24 新建"图层12"，设置前景色为233、94和147，单击"画笔工具" ✏️，在画面中涂抹出人物衣服底边，单击"加深工具" 🖌️，设置画笔类型为柔边机械24像素，范围为中间调，曝光度为33%，对衣服底边进行修饰，效果如图6-168所示。

图6-168　绘制衣服底边

25 使用相同的方法对裤子进行绘制，效果如图6-169所示。

图6-169　绘制人物裤子

26 新建"图层13"，单击"画笔工具" ，在画面中涂抹出人物腿部皮肤，效果如图6-170所示。

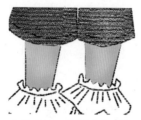

图6-170　绘制人物腿部

27 新建"图层14"、"图层15"，单击"画笔工具" ，在画面中涂抹出人物鞋子，效果如图6-171所示。

图6-171　绘制人物鞋子

28 新建"图层16"，单击"钢笔工具" ，绘制路径，按Ctrl+Enter键将路径作为选区载入，单击"减淡工具" ，对选区内进行修饰，效果如图6-172所示。

图6-172　绘制路径并减淡修饰

29 打开随书光盘素材文件夹中名为6.6.jpg的素材图像，将此图像拖曳至文件中，得到最终效果如图6-173所示。

图6-173　最终效果

6.7 | 学生装

设计分析

 本实例主要运用"钢笔工具"绘制大体轮廓并填充颜色，结合"加深工具"和"减淡工具"绘制出高光阴影，体现出衣服的明暗和褶皱效果。

原始素材文件：素材\6.7.jpg
视频教学文件：第6章\6.7.avi
最终效果文件：效果\6.7.psd

设计步骤

01 按Ctrl+N键，新建一个文件，弹出对话框并设置参数，如图6-174所示。

图6-174 新建文件

02 新建"图层1"，单击"钢笔工具" ✐ ，绘制路径，如图6-175所示。

图6-175 绘制路径

03 创建新图层组"组1"，新建"图层2"，单击"画笔工具" ✐ ，设置画笔类型为硬边机械2像素，单击路径面板底部的"用画笔描边路径"按钮 ○ ，如图6-176所示。

图6-176 描边路径

04 新建"图层3"，设置前景色为156、92和12，按Ctrl+Enter键将头发路径作为选区载入，单击"油漆桶工具" ♦ ，在选区内单击鼠标右键，填充前景色到选区内，效果如图6-177所示。

图6-177 填充前景色

童装表现技法

第6章

241

05 新建"图层4",设置前景色为233、75和132,使用同样的方法填充前景色到选区内,如图6-178所示。

图6-178 填充前景色

06 新建"图层5",设置前景色为237、168和115,使用同样的方法填充前景色到选区内,如图6-179所示。

图6-179 填充前景色

07 单击"减淡工具" 🔍,设置画笔类型为粗头水彩笔65像素,范围为中间调,曝光为20%,对人物头发进行减淡修饰,效果如图6-180所示。

图6-180 减淡修饰

08 单击"减淡工具" 🔍,对人物头饰进行减淡修饰,效果如图6-181所示。

图6-181 减淡修饰

09 单击"减淡工具" 🔍,对人物脸部进行减淡修饰,效果如图6-182所示。

图6-182 减淡修饰

10 新建"图层6",设置前景色为黑色,单击"画笔工具" 🖌,在画面中涂抹出人物的眼睛,如图6-183所示。

图6-183 绘制人物眼睛

11 新建"图层7",按Ctrl+Enter键将路径作为选区载入,单击"油漆桶工具" 🪣,在选区内单击鼠标右键,填充前景色到选区内,效果如图6-184所示。

图6-184 填充前景色

12 单击"加深工具" 🔍,设置画笔类型为粗头水彩笔38像素,范围为中间调,曝光度为25%,单击"减淡工具" 🔍,设置画笔类型为粗头水彩笔23像素,范围为中间调,曝光为25%,在画面中进行加深减淡修饰,效果如图6-185所示。

13 新建"图层8",设置前景色为237、203和167,使用同样的方法填充前景色到选区内,效果如图6-186所示。

图6-185　加深减淡修饰

图6-186　填充前景色

14 单击"加深工具" ，设置画笔类型为粗头水彩笔22像素，曝光度为64%，单击"减淡工具" ，设置画笔类型为粗头水彩笔25像素，在画面中进行加深减淡修饰，效果如图6-187所示。

图6-187　加深减淡修饰

15 新建"图层9"，设置前景色为237、168和115，使用同样的方法填充前景色到选区内，再单击"减淡工具" ，对人物胳膊进行减淡修饰，效果如图6-188所示。

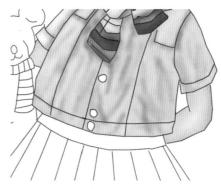

图6-188　填充前景色并减淡修饰

16 新建"图层10"，设置前景色为107、163和157，使用同样的方法填充前景色到选区内，如图6-189所示。

图6-189　填充前景色

17 单击"减淡工具" ，设置画笔类型为粗头水彩笔52像素，在画面中对人物的裙子进行减淡修饰，效果如图6-190所示。

图6-190　减淡修饰

18 新建"图层10"，设置前景色为237、168和115，使用同样的方法填充前景色到选区内，再单击"减淡工具" ，对人物腿部进行减淡修饰，效果如图6-191所示。

图6-191　填充前景色并减淡修饰

19 新建"图层11"，设置前景色为218、60和104，使用同样的方法填充前景色到选区内，效果如图6-192所示。

图6-192 填充前景色

20 单击"加深工具" ，设置画笔类型为粗头水彩笔85像素，在画面中进行加深修饰，效果如图6-193所示。

图6-193 加深修饰

21 新建"图层12"、"图层13"、"图层14"，使用同样的方法填充前景色到选区内，效果如图6-194所示。

图6-194 填充前景色

22 新建"图层15"、"图层16"、"图层17"，使用同样的方法填充前景色到选区内，使用"减淡工具" 进行减淡修饰，效果如图6-195所示。

23 打开随书光盘素材文件夹中名为6.7.jpg的素材图像，将此图像拖曳至文件中，得到最终效果如图6-196所示。

图6-195 填充前景色并减淡修饰

图6-196 最终效果

244

第**7**章

男装表现技法

名流 Photoshop 服装设计表现技法完全剖析

7.1 | 男士风衣

设计分析

本实例主要运用"钢笔工具"绘制男士风衣的轮廓，结合使用"加深工具"和"减淡工具"调节服装的明暗，表现出服装纹理的质感。

最终效果文件：效果\7.1.psd
视频教学文件：第7章\7.1.avi

设计步骤

01 按Ctrl+N键，新建一个文件，弹出对话框并设置参数，如图7-1所示。

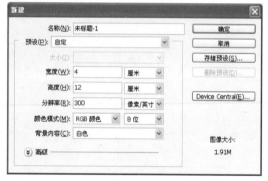

图7-1 新建文件

02 新建"图层1"，单击"钢笔工具" ✐，绘制路径，如图7-2所示。

图7-2 绘制路径

03 单击"画笔工具" ✍，设置画笔类型为硬边机械1像素，不透明度和流量为90%，单击路径面板底部的"用画笔描边路径"按钮 ⭕，如图7-3所示。

图7-3 描边路径

04 创建新图层组"组1"，新建"图层2"，单击"画笔工具" ✍，设置画笔类型为柔边机械20像素，流量为100%，设置前景色为129、116和100，绘制人物的帽子，如图7-4所示。

图7-4 绘制人物帽子

05 单击"加深工具"，设置画笔类型为柔边机械40像素，范围为中间调，曝光度为10%，对图像进行修饰，效果如图7-5所示。

图7-5　加深修饰

06 新建"图层3"，设置前景色为155、98和45，使用"画笔工具"对图像进行修饰，再使用"加深工具"对图像进行修饰，如图7-6所示。

图7-6　画笔绘制并加深修饰

07 新建"图层4"，设置前景色为241、220和203，填充人物面部，再使用"加深工具"和"减淡工具"分别对人物脸部进行修饰，效果如图7-7所示。

图7-7　加深减淡修饰

08 创建新图层组"组2"，新建"图层5"，设置前景色为152、176和178，使用"画笔工具"绘制人物的衣服，如图7-8所示。

09 单击"加深工具"，对图像进行修饰，得到效果如图7-9所示。

图7-8　绘制人物衣服

图7-9　加深修饰

10 新建"图层6"，设置前景色为黑色，单击"钢笔工具"，绘制路径，将路径描边，效果如图7-10所示。

图7-10　绘制路径并描边

11 新建"图层7"，设置前景色为198、191和163，使用"画笔工具"，填充颜色，如图7-11所示。

图7-11　画笔绘制

男装表现技法

第7章

⓬ 设置前景色为195、177和163，使用"画笔工具" ✐，填充颜色，如图7-12所示。

图7-12　画笔绘制

⓭ 单击"加深工具" ◎，设置范围为阴影，使用该工具修饰后得到的效果如图7-13所示。

图7-13　加深修饰

⓮ 新建"图层8"，设置前景色为113、94和62，使用"画笔工具" ✐，绘制出纹理，如图7-14所示。

图7-14　绘制纹理

⓯ 新建"图层9"，设置前景色为181、166和163，填充裤子的效果如图7-15所示。

⓰ 新建"图层10"，设置前景色为82、57和37，绘制出裤子的暗色调，单击"加深工具" ◎，对裤子进行修饰，得到效果如图7-16所示。

图7-15　绘制裤子

图7-16　加深修饰

⓱ 新建"图层11"，设置前景色为白色，使用"钢笔工具" ✐ 绘制出裤子的高光区域，按Ctrl+Enter键将路径转换为选区，如图7-17所示。

图7-17　绘制裤子高光区域

⓲ 按Shift+F6键弹出"羽化选区"对话框，设置羽化值为2像素，再填充白色后得到的效果如图7-18所示。

19 新建"图层12"，设置前景色为黑色，使用
   "画笔工具" 绘制出鞋带，如图7-19所示。

图7-20　绘制影子

图7-18　填充白色

图7-19　绘制鞋带

20 新建"图层13"，设置前景色为138、125和
   119，使用"画笔工具" ✐绘制出影子，如图
   7-20所示。最终效果如图7-21所示。

图7-21　最终效果

7.2 | 男士西服

设计分析

 本实例主要运用"钢笔工具"绘制服装
的轮廓，结合使用"加深工具"和"减
淡工具"涂抹服装，体现出明暗感，使
用"画笔工具"添加的纹理，制作出衣
服的整体感。

原始素材文件：素材\7.2.jpg
视频教学文件：第7章\7.2.avi
最终效果文件：效果\7.2.psd

设计步骤

01 按Ctrl+N键，新建一个文件，弹出对话框并设置参数，如图7-22所示。

02 新建"图层1"，单击"钢笔工具" ✐，绘制路径，如图7-23所示。

03 单击"画笔工具" ✐，设置画笔类型为硬边机械1像素，不透明度和流量为90%，单击路径面板底部的
   "用画笔描边路径"按钮 ◯，如图7-24所示。

名流 Photoshop 服装设计表现技法完全剖析

图7-22　新建文件

图7-23　绘制路径　　　图7-24　描边路径

04 创建新图层组"组1"，新建"图层2"，单击"画笔工具" ✐，设置画笔类型为粉笔30像素，不透明度为80%，设置前景色为181、159和135，绘制人物头发，如图7-25所示。

图7-25　绘制人物头发

05 单击"加深工具" ◎，设置画笔类型为柔边机械40像素，范围为中间调，曝光度为10%，对图像进行修饰，效果如图7-26所示。

图7-26　加深修饰

06 新建"图层3"，设置前景色为216、178和142，单击"画笔工具" ✐，绘制人物脖子及脸部，效果如图7-27所示。

图7-27　绘制脖子及脸部

07 单击"加深工具" ◎，对人物的脸部及脖子进行加深修饰，设置前景色为黑色，单击"画笔工具" ✐，设置画笔大小为9像素，绘制人物五官，效果如图7-28所示。

图7-28　绘制人物五官

08 新建"图层4"，单击"画笔工具" ✐，绘制人物头发，如图7-29所示。

图7-29　绘制人物头发

09 创建新图层组"组2"，新建"图层5"，设置前景色为200、137和146，单击"画笔工具" ✐，绘制人物衬衫，单击"加深工具" ◎，对衬衫进行加深修饰，如图7-30所示。

图7-30 绘制衬衫并修饰

⑩ 新建"图层6"，设置前景色为黑色，单击"画笔工具" ✐，绘制黑色部分，如图7-31所示。

图7-31 绘制黑色部分

⑪ 新建"图层7"，设置前景色为232、162和154，单击"画笔工具" ✐，绘制人物外套，单击"加深工具" ◉，对整套衣服进行加深修饰，如图7-32所示。

图7-32 绘制外套并修饰

⑫ 新建"图层8"，设置前景色为黑色，单击"画笔工具" ✐，绘制衣服上扣子及线条，如图7-33所示。

⑬ 新建"图层9"，设置前景色为176、131和128，单击"画笔工具" ✐，绘制衣服上的纹理，如图7-34所示。

图7-33 绘制扣子及线条   图7-34 绘制衣服纹理

⑭ 创建新图层组"组3"，新建"图层10"，设置前景色为黑色，单击"画笔工具" ✐，设置画笔类型为粉笔20像素，不透明度为30%，绘制人物鞋子，如图7-35所示。

图7-35 绘制人物鞋子

⑮ 新建"图层11"，单击"画笔工具" ✐，绘制线条，如图7-36所示。

图7-36 绘制线条

⑯ 打开随书光盘素材文件夹中名为7.2.jpg的素材图像，将此图像拖曳至文件中，得到最终效果如图7-37所示。

图7-37 最终效果

7.3 | 男士牛仔服

设计分析

本实例主要运用"钢笔工具"绘制牛仔服的大体轮廓，结合使用"加深工具"和"减淡工具"制作出明暗与褶皱效果，同时添加图层样式，表现出服装的纹理和质感。

原始素材文件：素材\7.3.jpg
视频教学文件：第7章\7.3.avi
最终效果文件：效果\7.3.psd

设计步骤

01 按Ctrl+N键，新建一个文件，弹出对话框并设置参数，如图7-38所示。

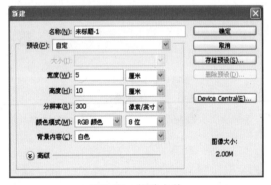

图7-38　新建文件

02 新建"图层1"，单击"钢笔工具"，绘制路径，如图7-39所示。

图7-39　绘制路径

03 单击"画笔工具"，设置画笔类型为硬边机械3像素，单击路径面板底部的"用画笔描边路径"按钮，如图7-40所示。

图7-40　描边路径

04 创建新图层组"组1"，新建"图层2"，单击"画笔工具"，设置画笔类型为粗头水彩笔30像素，不透明度和流量为80%，设置前景色为207、196和162，绘制人物头发，如图7-41所示。

图7-41　绘制人物头发

05 新建"图层3",设置前景色为122、101和79,单击"画笔工具" 🖊,绘制头发的暗影,设置前景色为247、222和147,单击"画笔工具" 🖊,绘制头发的高光,如图7-42所示。

图7-42　绘制头发高光

06 新建"图层4",设置前景色为231、200和172,单击"画笔工具" 🖊,绘制头发和脸部,如图7-43所示。

图7-43　绘制头发和脸部

07 单击"加深工具" 🖊,设置画笔类型为柔边机械30像素,范围为中间调,曝光度为50%,对脸部进行加深修饰,如图7-44所示。

图7-44　加深修饰

08 新建"图层5",单击"画笔工具" 🖊,设置画笔类型为粗头水彩笔40像素,绘制人物眼睛,如图7-45所示。

图7-45　绘制人物眼睛

09 创建新图层组"组2",新建"图层6",设置前景色为73、70和119,单击"画笔工具" 🖊,绘制人物上衣,如图7-46所示。

图7-46　绘制人物上衣

10 单击"减淡工具" 🖊,设置画笔类型为柔边机械40像素,范围为中间调,曝光为50%,对人物上衣进行减淡修饰,效果如图7-47所示。

图7-47　减淡修饰

11 单击"加深工具" 🖊,设置画笔类型为柔边机械40像素,范围为阴影,曝光度为20%,对人物上衣进行加深修饰,如图7-48所示。

图7-48　加深修饰

男装表现技法

12 单击"涂抹工具" ，设置画笔类型为柔边机械30像素，对人物上衣进行涂抹修饰，如图7-49所示。

图7-49 涂抹修饰

13 新建"图层7"，设置前景色为54、121和152，单击"画笔工具" ，绘制腰带，单击"减淡工具" ，设置范围为高光，对人物腰带进行减淡修饰，如图7-50所示。

图7-50 绘制腰带

14 新建"图层8"，设置前景色为40、18和123，单击"画笔工具" ，绘制衣服底边，如图7-51所示。

图7-51 绘制衣服底边

15 设置前景色为114、83和233，单击"画笔工具" ，绘制衣服底边纹理，如图7-52所示。

图7-52 绘制底边纹理

16 新建"图层9"，使用"加深工具" 和"减淡工具" ，绘制腰带效果，如图7-53所示。

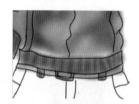

图7-53 绘制腰带

17 新建"图层10"，设置前景色为231、200和172，使用"加深工具" 和"减淡工具" ，绘制人物手部，如图7-54所示。

图7-54 绘制人物手部

18 新建"图层11"，设置前景色为白色，单击"画笔工具" ，绘制衣服的白色部分，并使用"加深工具" ，对白色部分进行加深修饰，如图7-55所示。

图7-55 绘制白色部分

19 创建新图层组"组3"，新建"图层12"，设置前景色为132、148和175，单击"画笔工具" ✍，设置画笔大小为80像素，绘制人物裤子，如图7-56所示。

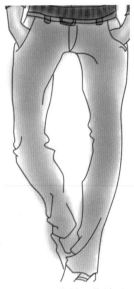

图7-56　绘制人物裤子

20 设置画笔大小为30像素，继续绘制人物裤子，如图7-57所示。

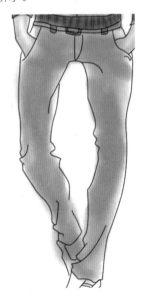

图7-57　绘制人物裤子

21 单击"加深工具" ◠，设置画笔类型为柔边机械50像素，范围为阴影，曝光度为20%，对裤子进行加深修饰，如图7-58所示。

22 单击"减淡工具" ◓，设置画笔类型为柔边机械20像素，范围为高光，曝光为20%，对裤子进行减淡修饰，单击"涂抹工具" ◖，设置画笔类型为柔边机械60像素，对裤子进行涂抹修饰，如图7-59所示。

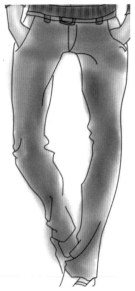

图7-58　加深修饰

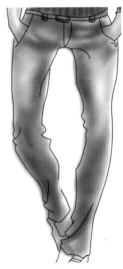

图7-59　减淡修饰

23 单击图层面板下方的"添加图层样式"按钮 *fx.*，在下拉菜单中选择"图案叠加"命令，设置参数对话框如图7-60所示。得到效果如图7-61所示。

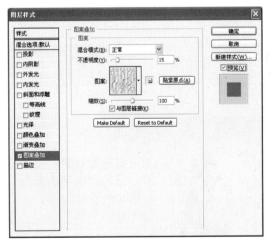

图7-60　图案叠加设置

图7-63　绘制鞋底

图7-61　图层样式效果

24　新建"图层13"，设置前景色为92、60和35，单击"画笔工具" ✎，绘制鞋面，如图7-62所示。

图7-62　绘制鞋面

25　新建"图层14"，设置前景色为4、4和4，单击"画笔工具" ✎，绘制鞋底部分，如图7-63所示。

26　打开随书光盘素材文件夹中名为7.3.jpg的素材图像，将此图像拖曳至文件中，得到最终效果如图7-64所示。

图7-64　最终效果

7.4 | 男士休闲服

设计分析

本实例主要运用"钢笔工具"绘制大体的轮廓，通过"画笔工具"涂抹服装的颜色，制作服装的整体效果，结合使用"加深工具"和"减淡工具"绘制出高光，体现服装的面料质感。

原始素材文件：素材\7.4.jpg

视频教学文件：第7章\7.4.avi

最终效果文件：效果\7.4.psd

01 按Ctrl+N键，新建一个文件，弹出对话框并设置参数，如图7-65所示。

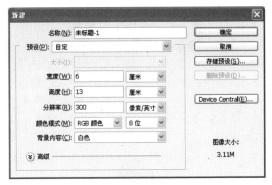

图7-65　新建文件

02 新建"图层1"，单击"钢笔工具" ，绘制路径，如图7-66所示。

03 单击"画笔工具" ，设置画笔类型为肩平5像素，单击路径面板底部的"用画笔描边路径"按钮 ，如图7-67所示。

图7-66　绘制路径　　　　图7-67　描边路径

04 创建新图层组"组1"，新建"图层2"，设置前景色为183、65和4，载入人物帽子的选区，填充颜色，如图7-68所示。

05 新建"图层3"，设置前景色为255、184和101，使用同样的方法涂抹如图7-69所示。

图7-68　绘制帽子

图7-69　绘制帽子

06 单击"橡皮擦工具" ，设置画笔类型为粉笔20像素，不透明度为50%，流量为20%，在画面中涂抹，效果如图7-70所示。

图7-70　橡皮擦修饰

07 使用同样的方法绘制人物脸部的肤色及头发，效果如图7-71所示。

图7-71　绘制脸部和头发

08 创建新图层组"组2"，新建"图层7"，设置前景色为185、125和55，单击"画笔工具" ，在画面中涂抹，如图7-72所示。

男装表现技法

第7章

名流 Photoshop 服装设计表现技法完全剖析

图7-72　画笔涂抹

09 单击"减淡工具" 🔍，设置画笔类型为粉笔40像素，范围为高光，曝光为10%，在画面中涂抹出高光效果，如图7-73所示。

图7-73　减淡修饰

10 单击"加深工具" ◎，设置画笔类型为粉笔50像素，范围为阴影，曝光度为10%，在画面中涂抹出阴影效果，如图7-74所示。

图7-74　加深修饰

11 新建"图层8"，设置前景色为250、172和81，单击"画笔工具" ✐，设置画笔类型为粉笔28像素，不透明度和流量为80%，在画面中涂抹，效果如图7-75所示。

图7-75　画笔涂抹

图7-76　画笔涂抹阴影

12 设置前景色为250、201和102，单击"画笔工具" ✐，在画面中涂抹如图7-77所示。

图7-77　画笔涂抹

13 单击"涂抹工具" 🖐，设置画笔类型为柔边机械7像素，在画面中进行涂抹修饰，效果如图7-78所示。

图7-78　涂抹修饰

14 新建"图层9"，使用同样的方法涂抹，效果如图8-79所示。

图7-79　画笔涂抹

15 新建"图层10"，单击"画笔工具" ✐，设置画笔类型为粉笔40像素，设置前景色为164、99和69，在画面中涂抹出衣服的颜色，使用"加深工具" ◎和"减淡工具" 🔍对衣服进行加深、减淡修饰，效果如图7-80所示。

图7-80　涂抹并修饰

16 新建"图层 11"，使用相同的方法涂抹，如图 7-81 所示。

图7-81　画笔涂抹

17 新建"图层12"，单击"画笔工具" 🖉 ，在画面中涂抹，效果如图7-82所示。

图7-82　画笔涂抹

18 新建"图层13"，单击"画笔工具" 🖉 ，在画面中涂抹出人物的腰带及背包，效果如图7-83所示。

图7-83　绘制腰带和背包

19 新建"图层14"，设置前景色为21、156和160，载入选区，填充颜色，如图7-84所示。

图7-84　填充前景色

20 使用"加深工具" 🔍 和"减淡工具" 🔍 对袖子进行加深、减淡修饰，如图8-85所示。

图7-85　加深减淡修饰

21 新建"图层15"，单击"钢笔工具" 🖉 ，绘制路径，设置前景色为4、76和88，将路径作为选区载入，填充颜色，如图7-86所示。

图7-86　填充前景色

22 使用"加深工具" 🔍 和"减淡工具" 🔍 对袖子进行加深、减淡修饰，如图7-87所示。

图7-87　加深减淡修饰

23 新建"图层16"，单击"画笔工具" 🖉 ，在画面中涂抹，效果如图7-88所示。

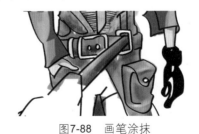

图7-88　画笔涂抹

24 新建"图层17"，单击"画笔工具" 🖉 ，在画面中涂抹挎包颜色，如图7-89所示。

图7-89　画笔涂抹

25 打开随书光盘素材文件夹中名为 7.4（1）.jpg 的素材图像,将此图像拖曳至文件中,并更改"素材"图层的混合模式为溶解,效果如图 7-90 所示。

图7-90　载入素材

26 新建"图层18"和"图层19",使用相同的方法绘制出人物的裤子,效果如图7-91所示。

图7-91　绘制人物裤子

27 新建"图层20",使用相同的方法绘制出人物的鞋子,效果如图7-92所示。

图7-92　绘制人物鞋子

28 打开随书光盘素材文件夹中名为7.4（2）.jpg的素材图像,将此图像拖曳至文件中,得到最终效果如图7-93所示。

图7-93　最终效果

7.5 | 男士大衣

设计分析

本实例主要运用"钢笔工具"绘制服装的大体轮廓,填充不同的颜色,体现服装不同颜色处的质感,结合使用"加深工具"和"减淡工具"绘制纹理,表现出各种面料不同的明暗效果。

原始素材文件：素材\7.5.jpg
视频教学文件：第7章\7.5.avi
最终效果文件：效果\7.5.psd

设计步骤

01 按Ctrl+N键，新建一个文件，弹出对话框并设置参数，如图7-94所示。

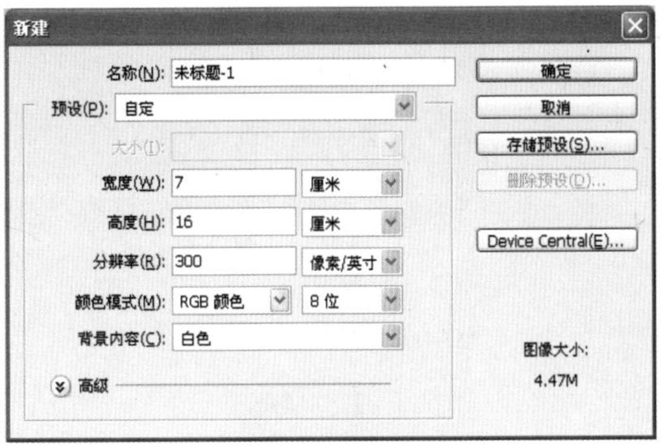

图7-94　新建文件

02 新建“图层1”，单击“钢笔工具”✒，绘制路径，单击“画笔工具”🖌，单击路径面板底部的“用画笔描边路径”按钮○，如图7-95所示。

03 创建新图层组“组1”，新建“图层2”，设置RGB分别为145、180和202，使用画笔工具涂抹，使用“加深工具”◐和“涂抹工具”☝进行修饰，如图7-96所示。

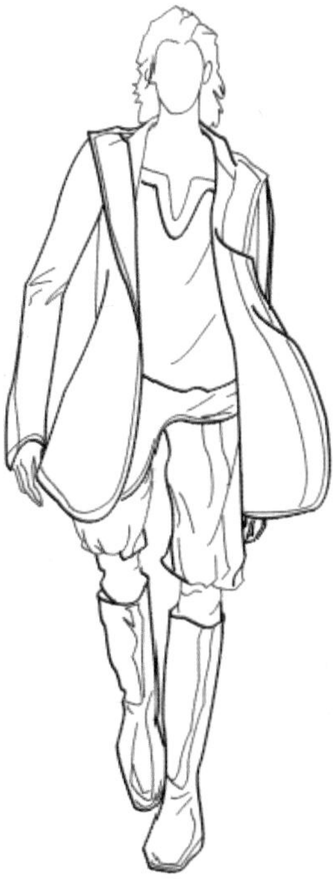

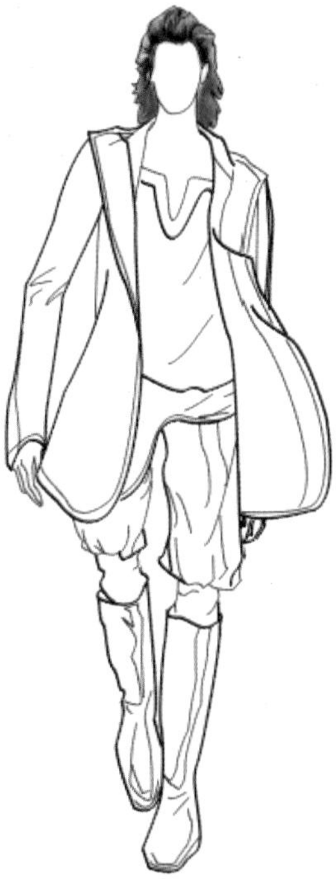

图7-95　绘制路径并描边　　图7-96　加深涂抹修饰

04 新建“图层3”，设置RGB分别为234、197和198，绘制人物面部，单击“减淡工具”🔍，对图像进行修饰，修饰后的效果如图7-97所示。

05 新建“图层4”，单击“画笔工具”🖌，绘制出人物五官，如图7-98所示。

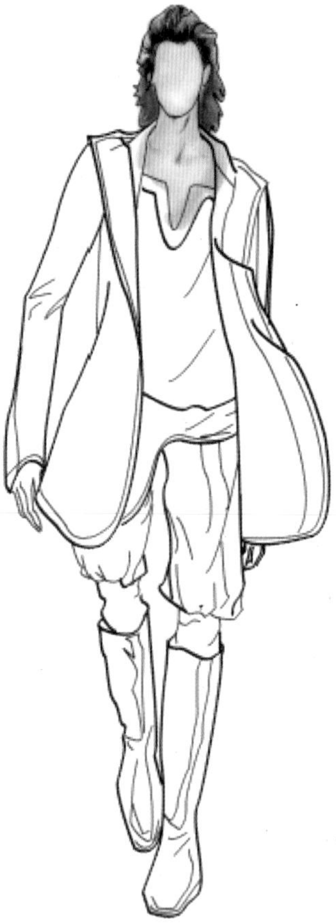

图7-97　减淡修饰

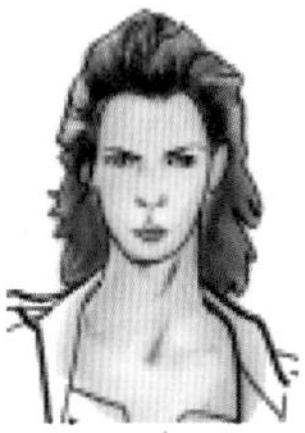

图7-98　绘制人物五官

06 新建“图层5”，单击“钢笔工具”✒绘制路径，设置RGB分别为190、213和171，填充颜色，使用“减淡工具”🔍进行修饰，修饰后的效果如图7-99所示。

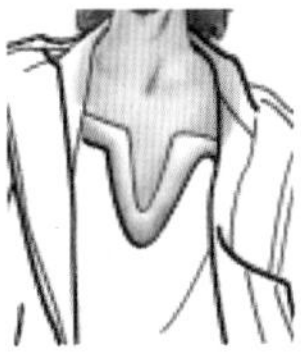

图7-99　填充前景色并修饰

07 新建“图层6”，单击“钢笔工具”✒，绘制路径，设置RGB分别为222、155和198，填充颜色，使用“加深工具”◐和“减淡工具”🔍进行修饰，如图7-100所示。

名流 Photoshop 服装设计表现技法完全剖析

图7-100　填充前景色并修饰

08 新建"图层 7"，绘制出衣领的线条，在菜单栏中选择"窗口"｜"样式"命令，打开"样式"命令，选择黑色虚线样式，得到效果如图 7-101 所示。

图7-101　添加样式效果

09 新建"图层8"，单击"画笔工具" ✑，设置画笔类型为半湿描油彩笔70像素，不透明度为60%，设置RGB分别为210、206和80，绘制出人物外衣；设置RGB分别为223、160和21，绘制出衣服的内侧，使用"减淡工具" ✎ 和"涂抹工具" ✑ 进行修饰，效果如图7-102所示。

图7-102　绘制衣服内侧

10 新建"图层9"，设置RGB分别为234、197和198，绘制人物的手部，如图7-103所示。

11 创建新图层组"组3"，新建"图层10"，设置RGB分别为194、90和169，使用画笔工具绘制裤子，单击"加深工具" ✑，对图像进行修饰，效果如图7-104所示。

图7-103　绘制人物手部

图7-104　加深修饰

12 新建"图层11"，填充颜色，使用"减淡工具" ✎ 进行修饰，效果如图7-105所示。

图7-105　填充颜色并修饰

13 新建"图层12"，设置RGB分别为100、106和92，填充靴子颜色，使用"加深工具" ✑ 和"涂抹工具" ✑ 对图像进行修饰，修饰后的效果如图7-106所示。

图7-106　绘制靴子

14 打开随书光盘素材文件夹找名为7.5.jpg的素材图像，使用"移动工具" ⊹ 将此图像拖曳至画面中，最终效果如图7-107所示。

图7-107　最终效果

7.6 | 男士运动装

设计步骤

01 按Ctrl+N键，新建一个文件，弹出对话框并设置参数，如图7-108所示。

02 新建"图层1"，单击"钢笔工具" ⌀，绘制路径，如图7-109所示。

03 单击"画笔工具" ✎，设置画笔大小为2像素，画笔类型如图7-110所示。

04 设置前景色为黑色，单击路径面板底部的"用画笔描边路径"按钮 ○，如图7-111所示。

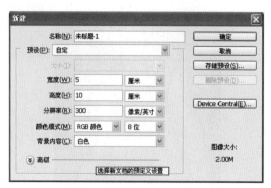

图7-108　新建文件

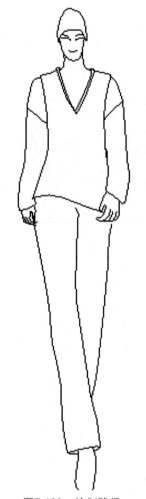

图7-109　绘制路径

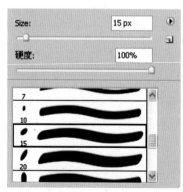

图7-110　设置画笔

图7-111　描边路径

05 创建新图层组"组1"，新建"图层2"，单击"画笔工具"，设置不透明度和流量为60%，画笔类型和大小如图7-112所示。

图7-112　设置画笔

06 设置RGB分别为8、35和175，单击"画笔工具"，在画面中进行涂抹，如图7-113所示。

图7-113　画笔涂抹

07 单击图层面板下方的"添加图层样式"按钮 _fx._，在下拉菜单中选择"图案叠加"命令，设置参数，如图7-114所示，得到如图7-115所示的效果。

08 新建"图层3"、"图层4"，使用画笔工具涂抹，效果如图8-116所示。新建"图层5"，使用画笔工具绘制人物五官。

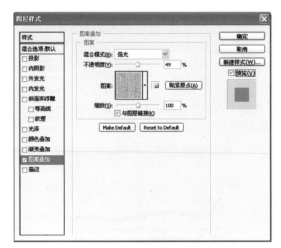

图7-114　图案叠加设置

图7-115　图层样式效果

图7-116　画笔涂抹

09 创建新图层组"组2"，新建"图层6"，选择"画笔工具" _✑_，设置画笔类型和大小如图7-117所示。

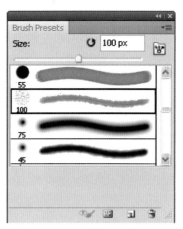

图7-117　设置画笔

10 设置RGB分别为210、9和66，使用画笔工具涂抹，使用橡皮擦工具修饰，修饰后的效果如图7-118所示。

图7-118　涂抹并修饰

11 新建"图层7"，使用画笔工具涂抹，使用橡皮擦工具修饰，修饰后的效果如图7-119所示。

图7-119　涂抹并修饰

12 新建"图层8"，设置RGB分别为127、3和38，使用画笔工具涂抹，使用橡皮擦工具修饰，修饰后的效果如图7-120所示。

图7-120　涂抹并修饰

13 新建"图层9"，单击"钢笔工具"　，绘制路径，设置RGB分别为247、233和5，填充颜色，在菜单栏中选择"编辑"|"变换"|"变形"命令，对图案进行变形，如图7-121所示。

图7-121　绘制图案

14 单击图层面板下方的"添加图层样式"按钮　，在下拉菜单中选择"投影"命令，设置参数，如图7-122所示。得到如图7-123所示的效果。

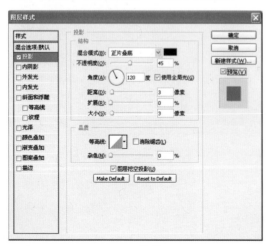

图7-122　投影设置

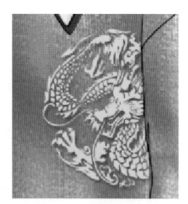

图7-123　图层样式效果

15 新建"图层10"，单击"画笔工具"　，设置画笔类型和大小如图7-124所示。

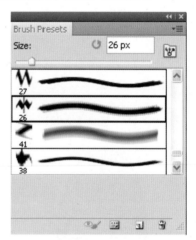

图7-124　设置画笔

16 设置RGB分别为8、32和173，单击"画笔工具"　，在画面中进行涂抹，如图7-125所示。

图7-125　画笔涂抹

17 单击"画笔工具"　，设置不透明度和流量为100%，改变画笔大小再次涂抹，如图7-126所示。

图7-126　画笔涂抹

18 复制"图层10"，按Ctrl+T键出现调整框并调整图像大小和位置，单击"钢笔工具"，绘制路径，按Shift+Ctrl+I键反向选择，按Delete键删除多余部分，如图7-127所示。

图7-127　删除多余部分

19 新建"图层11"、"图层12"，使用画笔工具绘制项链并添加图层样式，效果如图7-128所示。

图7-128　绘制项链

20 创建新图层组"组3"，新建"图层13"，单击"钢笔工具"，绘制路径，单击"画笔工具"，设置画笔类型为硬边机械3像素，设置前景色，描边路径，如图7-129所示。

图7-129　绘制路径并描边

21 新建图层，使用画笔工具涂抹，使用橡皮擦工具修饰，修饰后效果如图7-130所示。

图7-130　涂抹并修饰

22 选择"图层2"，右击鼠标，在下拉菜单中选择"拷贝图层样式"命令，复制"图层10"，选择"图层10副本"图层；右击鼠标，在下拉菜单中选择"粘贴图层样式"命令，如图7-131所示。

男装表现技法

名流 Photoshop 服装设计表现技法完全剖析

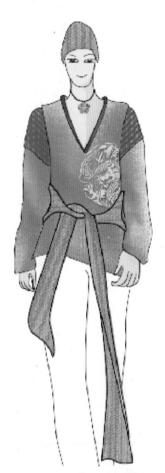

图7-131　拷贝图层样式

23 创建新图层组"组4"，新建"图层19"、"图层20"，使用画笔工具涂抹，如图7-132所示。

图7-132　画笔涂抹

24 新建"图层21"、"图层22"，使用画笔工具涂抹和绘制，如图7-133所示。

图7-133　画笔绘制

25 打开随书光盘素材文件夹找名为7.6.jpg的素材图像，使用"移动工具" 将此图像拖曳至画面中，最终效果如图7-134所示。

图7-134　最终效果

第8章

服装的风格与组合表现技法

8.1 | 写实风格——活力休闲装

设计分析

写实风格即是描绘事物的真实效果，不加修饰和加工，把绘画对象的特征、特性及其色调、色相的特点，准确细致地塑造出来。这种风格表现服装非常细致、到位。本实例主要运用"钢笔工具"为休闲装绘制大体轮廓并填充颜色，制作出深浅不同的明暗效果，体现出休闲装的活力与动感。

始素材文件：素材\8.1.jpg
视频教学文件：第8章\8.1.avi
最终效果文件：效果\8.1.psd

设计步骤

01 按Ctrl+N键，新建一个文件，弹出对话框并设置参数，如图8-1所示。

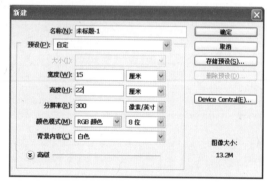

图8-1　新建文件

02 新建"图层1"，单击"钢笔工具"，绘制路径，如图8-2所示。

图8-2　绘制路径

03 创建新图层组"组1"，新建"图层2"，单击"画笔工具"，设置画笔类型为硬边机械2像素，单击路径面板底部的"用画笔描边路径"按钮，设置此图层的不透明度为30%，如图8-3所示。

图8-3　描边路径

04 新建"图层3"，单击"钢笔工具"，绘制半个帽子路径，按Ctrl+Enter键将路径作为选区载入，选择"渐变工具"，设置渐变颜色为"由黑色到白色"，不透明度为60%，向选区内填充渐变，如图8-4所示。

图8-4　渐变填充

名流 Photoshop 服装设计表现技法完全剖析

270

05 新建"图层4"，设置前景色为50、27和33，单击"钢笔工具" ✐，绘制路径，按Ctrl+Enter键将路径作为选区载入，按Alt+Delete键向选区内填充前景色，新建"图层5"，使用相同的方法绘制帽子上面部分，如图8-5所示。

图8-5　绘制上面帽子

06 新建"图层6"，设置前景色为210、183和154，单击"钢笔工具" ✐，绘制路径，按Ctrl+Enter键将路径作为选区载入，填充前景色，如图8-6所示。

图8-6　填充前景色

07 新建"图层7"，设置前景色为170、150和123，单击"钢笔工具" ✐，绘制路径，按Ctrl+Enter键将路径作为选区载入，填充前景色，使用相同的方法，绘制多个小块部分，如图8-7所示。

图8-7　绘制小块

08 新建"图层8"，单击"钢笔工具" ✐，绘制路径，按Ctrl+Enter键将路径作为选区载入，选择"渐变工具" ▭，设置渐变颜色为灰色，不透明度为90%，向选区内填充渐变，如图8-8所示。

图8-8　渐变填充

09 新建"图层9"，设置前景色为5、4和10，单击"钢笔工具" ✐，绘制路径，按Ctrl+Enter键将路径作为选区载入，填充前景色，如图8-9所示。

图8-9　绘制头发

10 新建"图层10"，设置前景色为91、60和57，单击"钢笔工具" ✐，绘制路径，将路径作为选区载入，填充前景色，选择"涂抹工具" ✐，设置画笔类型为柔边机械40像素，在画面中进行涂抹修饰，如图8-10所示。

图8-10　绘制并涂抹修饰

11 新建"图层11"，设置前景色为164、118和85，绘制路径并转为选区，填充前景色，如图8-11所示。

图8-11　填充前景色

12 新建"图层12"，设置前景色为104、56和44，绘制路径并转为选区，填充前景色，如图8-12所示。

图8-12　填充前景色

13 新建"图层13"，设置前景色为黑色，单击"画笔工具" ✐，设置画笔类型为椭圆10像素，绘制人物的眉毛和眼睛，设置前景色为236、131和88，继续绘制人物的嘴，如图8-13所示。

图8-13　绘制人物五官

14 新建"图层14"，单击"画笔工具" ✐，设置画笔大小为6像素，绘制帽子里面的图案，如图8-14所示。

图8-14　绘制图案

15 创建新图层组"组2"，新建"图层15"，设置前景色为179、179和179，绘制路径并转为选区，填充前景色，单击"加深工具" ✐，设置画笔类型为柔边机械90像素，范围为中间调，曝光度为25%，对其进行加深修饰，如图8-15所示。

16 新建"图层16"，设置前景色为133、87和59，单击"钢笔工具" ✐，绘制路径，按Ctrl+Enter键将路径作为选区载入，按Alt+Delete键向选区内填充前景色，如图8-16所示。

图8-15　绘制路径并修饰

图8-16　填充前景色

17 新建"图层17"，设置前景色为160、65和61，绘制路径并转为选区，填充前景色，如图8-17所示。

图8-17　填充前景色

18 新建"图层18"，设置前景色为220、202和190，绘制路径并转为选区，填充前景色，如图8-18所示。

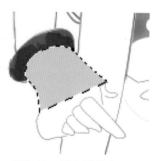

图8-18　填充前景色

19 新建"图层19"、"图层20"，绘制路径并转为选区，填充前景色，如图8-19所示。

20 使用相同的方法，在另一只手上进行绘制，如图8-20所示。

图8-19　填充前景色

图8-20　绘制另一只手

21 创建新图层组"组 3"，新建一个图层，设置前景色为 56、46 和 44，单击"钢笔工具" ，绘制路径，按 Ctrl + Enter 键将路径作为选区载入，按 Alt + Delete 键向选区内填充前景色，如图 8-21 所示。

图8-21　填充前景色

22 新建一个图层，设置前景色为黑色，绘制路径并转为选区，填充前景色，如图8-22所示。

23 新建一个图层，设置前景色为107、64和58，绘制路径并转为选区，填充前景色，如图8-23所示。

图8-22　填充前景色

图8-23　填充前景色

24 新建一个图层，设置前景色为178、112和60，使用相同的方法绘制，单击"画笔工具" ，设置画笔类型为平7像素，适当调整前景色，在画面中绘制，如图8-24所示。

图8-24　画笔绘制

25 创建新图层组"组4"，新建一个图层，设置前景色为167、82和61，单击"钢笔工具" ，绘制路径，按Ctrl+Enter键将路径作为选区载入，按Alt+Delete键向选区内填充前景色，如图8-25所示。

26 新建一个图层，设置前景色为黑色，单击"画笔工具" ，在鞋面上绘制，如图8-26所示。

名流 **Photoshop** 服装设计表现技法完全剖析

图8-25 填充前景色

图8-26 绘制鞋面

图8-27 填充前景色并描边

27 新建一个图层，设置前景色为144、76和63，单击"钢笔工具" ，绘制路径，按Ctrl+Enter键将路径作为选区载入，按Alt+Delete键向选区内填充前景色，在菜单栏中选择"编辑"|"描边"命令，在弹出的对话框中设置宽度为2像素，颜色为橘色，位置为居外，如图8-27所示。

28 打开随书光盘素材文件夹中名为8.1.jpg的素材图像，将此图像拖曳至文件中，得到最终效果如图8-28所示。

图8-28 最终效果

8.2 | 写意风格——大摆连衣裙

设计分析

写意风格是通过简练概括的笔墨，着重描绘物象的意态神韵、精神内涵，而忽略所描写对象的外貌形态。本实例主要运用"钢笔工具"为连衣裙绘制大体轮廓，结合"画笔工具"涂抹出整体效果，再添加耳环进行装饰，为连衣裙增添野性与美感。

原始素材文件：素材\8.2.jpg
视频教学文件：第8章\8.2.avi
最终效果文件：效果\8.2.psd

设计步骤

01 按Ctrl+N键，新建一个文件，弹出对话框并设置参数，如图8-29所示。

02 新建"图层1"，单击"钢笔工具" ，绘制路径，如图8-30所示。

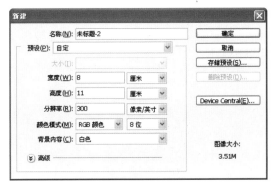

图8-29　新建文件

图8-30　绘制路径

03 创建新图层组"组1"，新建"图层2"，单击"画笔工具" ，设置画笔类型为椭圆3像素，不透明度和流量为80%，单击路径面板底部的"用画笔描边路径"按钮 ，如图8-31所示。

图8-31　描边路径

04 新建"图层3"，单击"画笔工具" ，设置画笔类型为凹凸表面炭精铅笔6像素，设置前景色为235、213和192，在画面中绘制，如图8-32所示。

图8-32　绘制头发

05 新建"图层4"，单击"画笔工具" ，设置画笔类型为扁平3像素，设置前景色为138、135和248，在画面中涂抹耳环，效果如图8-33所示。

图8-33　绘制耳环

06 新建"图层5"，绘制路径，将路径作为选区载入，填充颜色，效果如图8-34所示。

图8-34　绘制耳环

07 在菜单栏中选择"窗口"|"样式"命令，在弹出的样式面板中选择适当的样式，效果如图8-35所示。

图8-35　添加样式效果

08 新建"图层6"，设置前景色为246、35和94，单击"画笔工具" ✐，在画面中涂抹，效果如图8-36所示。

图8-36　画笔涂抹

09 创建新图层组"组2"，新建"图层7"，设置前景色为242、178和42，单击"画笔工具" ✐，设置画笔类型为粗糙干画笔20像素，不透明度和流量为60%，在画面中涂抹出人物的颜色，单击"加深工具" ◒，设置画笔类型为中至大头油彩笔40像素，范围为中间调，曝光度为10%，对其进行加深修饰，效果如图8-37所示。

图8-37　涂抹并修饰

10 新建"图层8"，设置前景色为224、148和252，单击"画笔工具" ✐，设置画笔类型为中至大头油彩笔90像素，不透明度和流量为20%，在画面中涂抹，单击"加深工具" ◒，单击"减淡工具" ✎，设置画笔类型为中至大头油彩笔20像素，范围为高光，曝光为10%，在画面中涂抹出阴影、高光效果，如图8-38所示。

11 打开随书光盘素材文件夹中名为8.2.jpg的素材图像，将此图像拖曳至文件中，得到最终效果如图8-39所示。

图8-38　涂抹并修饰

图8-39　最终效果

8.3 | 省略风格——太阳裙

设计步骤

01 按Ctrl+N键，新建一个文件，弹出对话框并设置参数，如图8-40所示。

图8-40　新建文件

02 新建"图层1"，单击"钢笔工具" ，绘制路径，如图8-41所示。

图8-41　绘制路径

03 创建新图层组"组1"，新建"图层2"，设置前景色为黑色，单击"画笔工具" ，设置画笔类型为浅色织物画笔5像素，单击路径面板底部的"用画笔描边路径"按钮 ，如图8-42所示。

图8-42　描边路径

04 新建"图层3"，设置前景色为156、148和7，单击"画笔工具" ，设置画笔类型为浅色织物画笔30像素，不透明度和流量为70%，在画面中绘制头发，如图8-43所示。

图8-43　绘制头发

服装的风格与组合表现技法

第8章

名流 Photoshop 服装设计表现技法完全剖析

05 新建"图层4"，设置前景色为250、239和37，单击"画笔工具"✐，在画面中进行绘制，效果如图8-44所示。

图8-44　绘制头发

06 新建"图层5"，设置前景色为250、239和37，单击"画笔工具"✐，在画面中进行绘制，效果如图8-45所示。

图8-45　绘制头发

07 新建"图层6"，设置前景色为246、232和177，单击"画笔工具"✐，在画面中绘制皮肤，效果如图8-46所示。

图8-46　绘制皮肤

08 创建新图层组"组2"，新建"图层7"，设置前景色为252、77和77，单击"画笔工具"✐，在画面中绘制衣袖，单击"橡皮擦工具"✐，设置画笔类型为椭圆40像素，在画面中擦除多余的部分，效果如图8-47所示。

图8-47　绘制衣袖并修饰

09 新建"图层8"，单击"画笔工具"✐，在画面中绘制裙子，单击"橡皮擦工具"✐，设置画笔类型为椭圆20像素，在画面中进行绘制，效果如图8-48所示。

图8-48　绘制裙子并修饰

10 新建"图层9"，设置前景色为253、255和81，单击"画笔工具"✐，在画面中进行绘制，效果如图8-49所示。

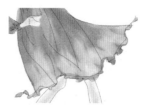

图8-49　绘制裙子下摆

11 单击"涂抹工具"✐，设置画笔类型为柔边机械70像素，在画面中进行涂抹，效果如图8-50所示。

12 新建"图层10"，设置前景色为253、255和81，单击"画笔工具"✐，设置画笔类型为浅色织物画笔10像素，在画面中绘制腰带部分，效果如图8-51所示。

图8-50　涂抹修饰

图8-51　绘制腰带

13 新建"图层11"，设置前景色为253、255和81，单击"画笔工具" ✍，设置画笔类型为浅色织物画笔3像素，在画面中进行绘制，效果如图8-52所示。

图8-52　绘制线条

14 打开随书光盘素材文件夹中名为8.3.jpg的素材图像，将此图像拖曳至文件中，得到最终效果如图8-53所示。

图8-53　最终效果

8.4 | 夸张风格——舞台装

设计分析

夸张是为了表达强烈的思想感情，突出形象的本质特征，运用丰富的想象力，服装的某些方面着意夸大、强调。本实例主要运用"钢笔工具"绘制大体轮廓，结合"画笔工具"涂抹出整体效果，使用"减淡工具"对裙子进行高光修饰，再添加一些装饰进行美化，更加鲜明的表现舞台装的夸张。

原始素材文件：素材\8.4.jpg

视频教学文件：第8章\8.4.avi

最终效果文件：效果\8.4.psd

设计步骤

01 按Ctrl+N键，新建一个文件，弹出对话框并设置参数，如图8-54所示。

02 新建"图层1"，单击"钢笔工具" ✐，绘制路径，如图8-55所示。

03 创建新图层组"组1"，新建"图层2"，设置前景色为黑色，单击"画笔工具" ✍，设置画笔类型为硬边机械3像素，单击路径面板底部的"用画笔描边路径"按钮 ◯，如图8-56所示。

名流

Photoshop

服装设计表现技法完全剖析

图8-54　新建文件

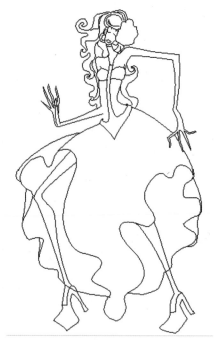

图8-55　绘制路径

图8-56　描边路径

新建"图层3"，设置前景色为253、236和206，单击"画笔工具"，设置画笔类型为柔边机械10像素，不透明度和流量为60%，在画面中绘制人物头发，如图8-57所示。

图8-57　绘制头发

05 新建"图层4"，设置前景色为249、189和83，单击"画笔工具"，在画面中绘制人物头发，如图8-58所示。

图8-58　绘制头发

06 新建"图层5"，设置前景色为254、29和23，单击"画笔工具"，在画面中绘制人物头饰，如图8-59所示。

图8-59　绘制头饰

07 新建"图层6"，设置前景色为175、19和14，单击"画笔工具" ✏️，在画面中绘制人物头饰的阴影效果，如图8-60所示。

图8-60　绘制头饰阴影

08 新建"图层7"，设置前景色为黄色，单击"画笔工具" ✏️，在画面中绘制头饰的花蕊，如图8-61所示。

图8-61　绘制头饰花蕊

09 创建新图层组"组2"，新建"图层8"，设置前景色为254、233和150，绘制路径并载入选区，填充前景色，如图8-62所示。

图8-62　填充前景色

10 新建"图层9"，设置前景色为黄色，单击"画笔工具" ✏️，在画面中涂抹出肤色的阴影效果，如图8-63所示。

图8-63　绘制肤色阴影

11 新建两个图层，单击"画笔工具" ✏️，使用同样的方法绘制耳环，如图8-64所示。

图8-64　绘制耳环

12 新建"图层12"，设置前景色为246、18和7，单击"画笔工具" ✏️，在画面中涂抹，如图8-65所示。

图8-65　画笔涂抹

13 单击"加深工具" 🖐，设置画笔类型为中至大头油彩笔20像素，范围为阴影，曝光度为30%，单击"减淡工具" 🔍，设置画笔类型为中至大头油彩笔40像素，范围为中间调，曝光为50%，在画面中进行加深减淡修饰，效果如图8-66所示。

图8-66 加深减淡修饰

14 新建"图层13"，单击"画笔工具" ，在画面中涂抹，效果如图8-67所示。

图8-67 画笔涂抹

15 新建"图层14"，单击"钢笔工具" ，绘制路径，按Ctrl+Enter键将路径作为选区载入，设置前景色为黑色，填充前景色，效果如图8-68所示。

图8-68 填充前景色

16 载入"图层14"选区，选择菜单栏中的"选择"|"修改"|"收缩"命令，在弹出对话框中设置收缩值为2像素，设置前景色为248、240和12，单击路径面板下方的"从选区生成工作路径"按钮 ，再单击"用画笔描边路径"按钮 描边路径，如图8-69所示。

图8-69 描边路径

17 单击"钢笔工具" ，绘制路径，单击路径面板下方的"用画笔描边路径"按钮 描边路径，效果如图8-70所示。

图8-70 描边路径

18 创建新图层组"组3"，新建"图层15"，设置前景色为255、28和21，载入人物裙子的选区，填充前景色，如图8-71所示。

图8-71 填充前景色

19 单击"减淡工具" ，设置画笔类型为中至大头油彩笔50像素，范围为阴影，曝光为50%，在画面中进行减淡修饰，效果如图8-72所示。

20 新建"图层16"，设置前景色为191、21和21，载入人物裙子下摆的选区，填充前景色，如图8-73所示。

图8-72　减淡修饰

图8-73　填充前景色

21 单击"加深工具" 🔍，设置画笔类型为中至大头油彩笔100像素，范围为中间调，曝光度为30%，单击"减淡工具" 🔍，设置画笔类型为中至大头油彩笔50像素，范围为阴影，曝光为50%，在画面中进行加深减淡修饰，效果如图8-74所示。

图8-74　加深减淡修饰

22 新建"图层17"、"图层18"，单击"画笔工具" ✏，使用相同的方法涂抹出人物的腿部，如图8-75所示。

23 新建"图层19"，设置前景色为255、28和21，载入人物鞋子的选区，填充前景色，单击"减淡工具" 🔍，在画面中进行减淡修饰，效果如图8-76所示。

图8-75　绘制腿部

图8-76　绘制鞋子并修饰

24 打开随书光盘素材文件夹中名为8.4.jpg的素材图像，将此图像拖曳至文件中，得到最终效果如图8-77所示。

图8-77　最终效果

8.5 | 装饰风格——女花裙

装饰风格是一种非常讲究与环境协调和美化效果的特殊表现风格，也是用于满足人们装饰需要的艺术作品风格。本实例主要运用"钢笔工具"绘制大体轮廓并填充颜色，结合"加深工具"和"减淡工具"进行高光阴影修饰，再结合"自定形状工具"绘制服装图案，体现花裙的整体效果。

最终效果文件：效果\8.5.psd
视频教学文件：第8章\8.5.avi

设计步骤

01 按Ctrl+N键，新建一个文件，弹出对话框并设置参数，如图8-78所示。

图8-78　新建文件

02 新建"图层1"，单击"钢笔工具" ，绘制路径，如图8-79所示。

图8-79　绘制路径

03 创建新图层组"组1"，新建"图层2"，设置前景色为150、150和150，单击"画笔工具" ，设置画笔类型为硬边机械3像素，单击路径面板底部的"用画笔描边路径"按钮 ，如图8-80所示。

图8-80　描边路径

04 新建"图层3"，单击"钢笔工具" ，绘制头发路径，设置前景色为黑色，单击路径面板底部的"用画笔描边路径"按钮 ，对其描黑边，如图8-81所示。

图8-81　绘制路径并描边

05 新建"图层4"，设置前景色为151、144和128，按Ctrl+Enter键将路径作为选区载入，按Alt+Delete键向选区内填充前景色，如图8-82所示。

图8-82　填充前景色

06 单击"加深工具" ，设置画笔类型为柔边机械20像素，范围为中间调，曝光度为25%，单击"减淡工具" ，设置画笔类型为柔边机械20像素，范围为高光，曝光为21%，在画面中进行加深减淡修饰，效果如图8-83所示。

图8-83　加深减淡修饰

07 新建"图层5"，单击"钢笔工具" ，绘制头发上面饰品路径，设置前景色为200、50和122，单击路径面板底部的"用前景色填充路径"按钮 ，如图8-84所示。

图8-84　填充前景色

08 设置前景色为黑色，单击"画笔工具" ，设置画笔类型为硬边机械1像素，在饰品上绘制，如图8-85所示。

图8-85　绘制线条

09 新建"图层6"，单击"钢笔工具" ，绘制脸部路径，设置前景色为231、217和208，按Ctrl+Enter键将路径作为选区载入，按Alt+Delete键向选区内填充前景色，如图8-86所示。

图8-86　填充前景色

10 单击"减淡工具" ，设置画笔类型为柔边机械70像素，范围为高光，曝光为21%，对脸部进行减淡修饰，单击"画笔工具" ，绘制人物五官，效果如图8-87所示。

图8-87　绘制五官

11 新建"图层7"，绘制脖子路径，设置前景色为231、217和208，按Ctrl+Enter键将路径作为选区载入，按Alt+Delete键向选区内填充前景色，如图8-88所示。

图8-88　绘制并填充

12 单击"加深工具" ，设置画笔类型为柔边机械20像素，范围为阴影，曝光度为26%，单击"减淡工具" 🔍，在画面中进行加深减淡修饰，效果如图8-89所示。

图8-89　加深减淡修饰

13 创建新图层组"组2"，新建"图层8"，设置前景色为170、187和230，单击"钢笔工具" ✐，绘制路径，将路径转换为选区，填充前景色，如图8-90所示。

图8-90　绘制并填充

14 单击"加深工具" ，设置画笔类型为柔边机械40像素，范围为阴影，曝光度为25%，单击"减淡工具" 🔍，设置画笔类型为柔边机械50像素，范围为高光，曝光为10%，进行加深减淡修饰，效果如图8-91所示。

图8-91　加深减淡修饰

15 新建"图层9"，单击"钢笔工具" ✐，绘制领子边缘路径，设置前景色为黑色，单击"画笔工具" ✎，设置画笔类型为硬边机械6像素，单击路径面板底部的"用画笔描边路径"按钮 ○，如图8-92所示。

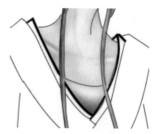

图8-92　绘制并描边

16 新建"图层10"，绘制人物衣服路径，设置前景色为225、170和173，变为选区后，填充前景色，如图8-93所示。

图8-93　绘制并填充

17 单击"加深工具" 🖌，设置画笔类型为柔边机械125像素，单击"减淡工具" 🔍，设置画笔类型为柔边机械100像素，曝光为21%，对衣服进行加深减淡修饰，效果如图8-94所示。

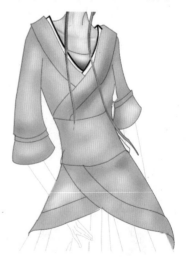

图8-94　加深减淡修饰

18 新建"图层11"，设置前景色为164、13和28，单击"自定形状工具" 🐾，绘制形状，如图8-95所示。

图8-95　绘制图案

19 复制多个，按Ctrl+T键缩放旋转形状并摆放到衣服上，按住Ctrl键的同时，单击"图层10"缩略图，载入衣服选区，按Shift+Ctrl+I键将选区反向选择，按Delete键删除，如图8-96所示。

图8-96　绘制衣服图案

20 合并"图层11"及副本图层，新建"图层11"，设置前景色为91、242和227，单击"自定形状工具" ，绘制图形并调整摆放，将图层合并，如图8-97所示。

图8-97　绘制图案

21 新建一个图层，绘制形状图案，载入衣服选区，反向选择删除多余部分，合并红色形状图案的所有图层，如图8-98所示。

22 新建"图层12"，单击"钢笔工具" ，绘制衣服边缘路径，设置前景色为164、13和28，

单击"画笔工具" ，设置画笔类型为硬边机械5像素，单击路径面板底部的"用画笔描边路径"按钮 ，为衣服描红边，如图8-99所示。

图8-98　绘制图案

图8-99　绘制路径并描边

23 新建"图层13"，单击"钢笔工具" ，绘制衣服宽边路径，设置前景色为200、28和6，按Ctrl+Enter键将路径作为选区载入，按Alt+Delete键向选区内填充前景色，如图8-100所示。

图8-100　绘制并填充

24 单击"减淡工具" ，设置画笔类型为柔边机械100像素，范围为高光，曝光为21%，对衣服的大宽边进行减淡修饰，效果如图8-101所示。

图8-101　减淡修饰

25 新建"图层14"，设置前景色为黑色，单击"画笔工具" ，设置画笔类型为轻微不透明度水彩笔10像素，在衣服宽大边上进行绘制，如图8-102所示。

图8-102　画笔绘制

26 创建新图层组"组3"，新建"图层15"，设置前景色为20、52和187，单击"钢笔工具" ，绘制腰带宽带子的路径，单击路径面板底部的"用前景色填充路径"按钮 ，如图8-103所示。

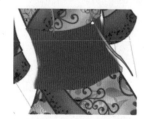

图8-103　绘制腰带

27 单击"减淡工具" ，对宽带子进行减淡修饰，效果如图8-104所示。

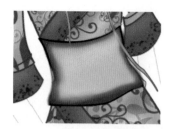

图8-104　减淡修饰

28 新建"图层16"，设置前景色为137、18和3，单击"钢笔工具" ，绘制腰带带子路径，单击路径面板底部的"用画笔描边路径"按钮 ，如图8-105所示。

图8-105　绘制路径并描边

29 新建"图层17"，设置前景色为207、23和1，单击路径面板底部的"用前景色填充路径"按钮 ，如图8-106所示。

图8-106　填充前景色

30 单击"减淡工具" ，设置画笔类型为柔边机械60像素，范围为中间调，曝光为21%，对带子进行减淡修饰，像绘制衣服一样对带子头部也进行绘制，效果如图8-107所示。

图8-107　减淡修饰

31 新建"图层18"，设置前景色为0、0和174，单击"直线工具" ✐，设置粗细为4像素，在腰间宽带子上绘制蓝色斜线，复制多个进行摆放，并将所有蓝色直线的图层进行合并，按住Ctrl键的同时单击"图层14"的选区，按Shift+Ctrl+I键将选区反向选择，按Delete键删除腰部宽带子外的直线，如图8-108所示。

图8-108　绘制直线

32 创建新图层组"组4"，新建"图层19"，绘制两个胳膊露出的部位及手腕上饰品路径，设置前景色为黑色，单击"画笔工具" ✐，设置画笔类型为硬边机械3像素，单击路径面板底部的"用画笔描边路径"按钮 ◯，对其描黑边，如图8-109所示。

图8-109　绘制路径并描边

33 新建"图层20"，绘制手上饰品路径，填充红色，设置前景色为238、224和216，绘制胳膊路径，填充前景色，如图8-110所示。

图8-110　绘制并填充

34 单击"减淡工具" 🔍，设置画笔类型为柔边机械50像素，范围为高光，曝光为21%，对胳膊及手腕上的饰品进行减淡修饰，如图8-111所示。

图8-111　减淡修饰

35 创建新图层组"组5"，新建"图层21"，单击"钢笔工具" ✐，绘制裙子路径，设置前景色为0、22和135，单击"画笔工具" ✐，单击路径面板底部的"用画笔描边路径"按钮 ◯，对其进行描边，如图8-112所示。

图8-112　绘制路径并描边

36 新建"图层22"，单击"钢笔工具" ✐，绘制裙子轮廓路径，设置前景色为11、52和168，按Ctrl+Enter键将路径作为选区载入，按Alt+Delete键向选区内填充前景色，如图8-113所示。

图8-113　绘制并填充

服装的风格与组合表现技法

名流 Photoshop 服装设计表现技法完全剖析

37 单击"减淡工具" ，设置画笔类型为柔边机械**70**像素，范围为高光，曝光为**21%**，对裙子进行减淡修饰，如图**8-114**所示。

图8-114 减淡修饰

38 新建"图层23"，像绘制宽腰带上面的纹理线一样进行绘制，效果如图**8-115**所示。

图8-115 绘制纹理

39 创建新图层组"组6"，新建"图层24"，单击"钢笔工具" ，绘制腿及鞋子路径，设置前景色为黑色，单击"画笔工具" ，设置画笔类型为硬边机械**3**像素，单击路径面板底部的"用画笔描边路径"按钮 ，对其描黑边，如图**8-116**所示。

40 新建"图层25"，绘制腿及脚路径，设置前景色为**231**、**209**和**196**，填充前景色，如图**8-117**所示。

图8-116 绘制路径并描边　　图8-117 绘制路径并填充

41 单击"减淡工具" ，对腿部进行减淡修饰，如图**8-118**所示。

42 新建"图层26"，绘制鞋子路径，设置前景色为**26**、**85**和**189**，填充前景色，单击"减淡工具" ，对鞋子进行减淡修饰，如图**8-119**所示。

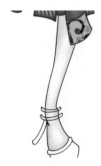

图8-118 减淡修饰

图8-119 绘制鞋子

43 在鞋子前面绘制和衣服上面一样的图案，得到最终效果如图**8-120**所示。

图8-120 最终效果

第9章

服装表现技法综合实战

名流 Photoshop 服装设计表现技法完全剖析

9.1 | 姐妹服装系列

设计分析

本实例主要运用"钢笔工具"绘制姐妹服装的轮廓，结合使用"加深工具"和"减淡工具"调节整体服装的明暗，再结合"画笔工具"表现出服装纹理的质感。

最终效果文件：效果\9.1.psd
视频教学文件：第9章\9.1.avi

设计步骤

01 按Ctrl+N键，新建一个文件，弹出对话框并设置参数，如图9-1所示。

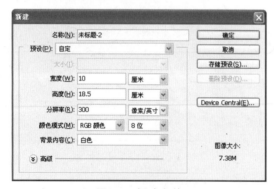

图9-1 新建文件

02 新建"图层1"，单击"钢笔工具" ，绘制路径，如图9-2所示。

图9-2 绘制路径

03 创建新图层组"组1"，新建"图层2"，设置前景色为黑色，单击"画笔工具" ，设置画笔类型为硬边机械3像素，单击路径面板底部的"用画笔描边路径"按钮 ，如图9-3所示。

图9-3 描边路径

04 新建"图层3"，设置前景色为248、251和163，单击"画笔工具" ，设置画笔类型为圆形低刚毛62像素，不透明度为89%，涂抹出人物头发，如图9-4所示。

图9-4 绘制头发

05 新建"图层4"，设置前景色为237、115和0，单击"画笔工具" ✐，设置画笔类型为粉笔37像素，不透明度为55%，再次涂抹人物头发，如图9-5所示。

图9-5　绘制头发

06 单击"加深工具" ✐和"减淡工具" ✎，在画面中对头发进行加深减淡修饰，效果如图9-6所示。

图9-6　加深减淡修饰

07 新建"图层5"，设置前景色为253、250和194，按Ctrl+Enter键将路径作为选区载入，单击"油漆桶工具" ✎，在选区内单击鼠标右键，填充前景色到选区内，效果如图9-7所示。

图9-7　填充前景色

08 单击"减淡工具" ✎，设置画笔类型为柔边机械42像素，范围为中间调，曝光为50%，对人物上肢进行减淡修饰，如图9-8所示。

图9-8　减淡修饰

09 单击"加深工具" ✐，设置画笔类型为柔边机械65像素，范围为中间调，曝光度为50%，效果如图9-9所示。

图9-9　加深修饰

10 新建"图层6"，设置前景色为251、251和0，按Ctrl+Enter键将路径作为选区载入，单击"油漆桶工具" ✎，在选区内单击鼠标右键，填充前景色到选区内，效果如图9-10所示。

图9-10　填充前景色

11 新建"图层7"，单击"画笔工具" ✐，在画面中绘制人物五官，再单击"加深工具" ✐和"减淡工具" ✎，在画面中进行加深减淡修饰，效果如图9-11所示。

图9-11　绘制五官并修饰

⓬ 新建"图层8"，设置前景色为247、251和66，按Ctrl+Enter键将路径作为选区载入，单击"油漆桶工具" 🖌，在选区内单击鼠标右键，填充前景色到选区内，效果如图9-12所示。

图9-12　填充前景色

⓭ 单击"减淡工具" 🔍，设置画笔类型为柔边机械42像素，范围为中间调，曝光为87%，对裙子进行减淡修饰，如图9-13所示。

图9-13　减淡修饰

⓮ 新建"图层9"，设置前景色为252、189和0，单击"画笔工具" 🖌，设置"画笔工具"选项栏中各项参数，如图9-14所示。

图9-14　设置画笔

⓯ 使用画笔工具在画面中涂抹出裙子下摆阴影效果，如图9-15所示。

图9-15　画笔涂抹

⓰ 新建"图层10"，设置前景色为78、162和255，单击"画笔工具" 🖌，设置画笔类型为中头浓描画笔63像素，不透明度为59%，在画面中涂抹，如图9-16所示。

图9-16　画笔涂抹

⓱ 新建"图层11"，设置前景色为119、164和2，单击"画笔工具" 🖌，设置画笔类型为粉笔60像素，不透明度为65%，流量为87%，在画面中涂抹。单击"加深工具" 🔍和"减淡工具" 🔍，在画面中对裙子进行加深减淡修饰，效果如图9-17所示。

图9-17　画笔涂抹并修饰

⓲ 新建"图层12"，设置前景色为255、241和186，按Ctrl+Enter键将路径作为选区载入，单击"油漆桶工具" 🖌，在选区内单击鼠标右键，填充前景色到选区内，效果如图9-18所示。

图9-18 填充前景色

[19] 单击"加深工具"🔍，设置画笔类型为柔边机械65像素，范围为中间调，曝光度为50%，单击"减淡工具"🔍，设置画笔类型为柔边机械65像素，范围为高光，曝光为90%，进行加深减淡修饰，效果如图9-19所示。

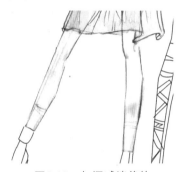

图9-19 加深减淡修饰

[20] 新建"图层13"，设置前景色为253、251和1，按Ctrl+Enter键将路径作为选区载入，单击"油漆桶工具"🪣，在选区内单击鼠标右键，填充前景色到选区内，效果如图9-20所示。

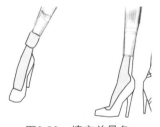

图9-20 填充前景色

[21] 新建"图层14"，设置前景色为0、65和201，按Ctrl+Enter键将路径作为选区载入，单击"油漆桶工具"🪣，在选区内单击鼠标右键，填充前景色到选区内，效果如图9-21所示。

图9-21 填充前景色

[22] 单击"画笔工具"🖌，设置画笔类型为干画笔尖浅描66像素，不透明度为65%，流量为87%，在画面中涂抹，效果如图9-22所示。

图9-22 画笔涂抹

[23] 新建"图层15"，设置前景色为250、247和139，单击"画笔工具"🖌，设置"画笔工具"选项栏中各项参数，如图9-23所示。

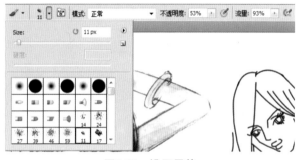

图9-23 设置画笔

[24] 使用画笔工具在画面中涂抹出人物头发，效果如图9-24所示。

图9-24 画笔涂抹

[25] 新建"图层16"，设置前景色为255、64和10，单击"画笔工具"🖌，设置"画笔工具"选项栏中各项参数，如图9-25所示。

[26] 使用画笔工具在画面中涂抹出人物头发，效果如图9-26所示。

服装表现技法综合实战

第9章

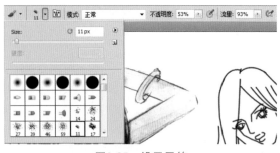

图9-25　设置画笔

图9-26　画笔涂抹

27 单击"加深工具" ◙ 和"减淡工具" ◙ ，在画面中对头发进行加深减淡修饰，效果如图9-27所示。

图9-27　加深减淡修饰

28 新建"图层17"，设置前景色为254、249和204，按Ctrl+Enter键将路径作为选区载入，单击"油漆桶工具" ◙ ，在选区内单击鼠标右键，填充前景色到选区内，效果如图9-28所示。

图9-28　填充前景色

29 单击"减淡工具" ◙ ，设置画笔类型为柔边机械65像素，范围为高光，曝光为90%，对人物上肢进行减淡修饰，如图9-29所示。

图9-29　减淡修饰

30 单击"减淡工具" ◙ ，设置画笔类型为飞溅14像素，范围为中间调，曝光为59%，对人物上肢进行减淡修饰，单击"画笔工具" ◙ ，在画面中绘制人物五官，如图9-30所示。

图9-30　绘制五官并修饰

31 新建"图层18"，设置前景色为255、200和3，按Ctrl+Enter键将路径作为选区载入，单击"油漆桶工具" ◙ ，在选区内单击鼠标右键，填充前景色到选区内，效果如图9-31所示。

图9-31　填充前景色

32 单击"加深工具" 🔍，在"加深工具"选项栏中设置各项参数，如图9-32所示。在画面中对衣服进行加深修饰，效果如图9-33所示。

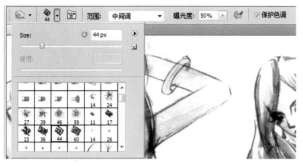

图9-32 设置加深工具

图9-33 加深修饰

33 新建"图层19"，设置前景色为67、142和247，单击"画笔工具" ✏️，设置画笔类型为粉笔32像素，不透明度为87%，流量为98%，在画面中涂抹，效果如图9-34所示。

图9-34 画笔涂抹

34 新建"图层20"，设置前景色为253、230和0，单击"画笔工具" ✏️，设置画笔类型为干画笔尖浅描92像素，不透明度为87%，流量为98%，在画面中涂抹出裙子一部分，效果如图9-35所示。

图9-35 涂抹裙子

35 单击"加深工具" 🔍，设置画笔类型为粉笔44像素，范围为中间调，曝光度为50%，在画面中对裙子进行加深修饰，效果如图9-36所示。

图9-36 加深修饰

36 新建"图层20"，设置前景色为74、159和241，单击"画笔工具" ✏️，设置画笔类型为干画笔尖浅描92像素，不透明度为87%，流量为98%，在画面中涂抹出裙子的另一部分，效果如图9-37所示。

图9-37 涂抹裙子

37 新建"图层21"，设置前景色为255、244和214，单击"画笔工具" ✏️，在画面中涂抹出人物腿部，效果如图9-38所示。

图9-38 涂抹腿部

38 单击"减淡工具" 🔍，设置画笔类型为飞溅46像素，范围为中间调，曝光为59%，对人物腿部进行减淡修饰，如图9-39所示。

图9-39 减淡修饰

39 新建"图层22"，设置前景色为255、173和21，单击"画笔工具" ✐，设置画笔类型为粉笔44像素，不透明度为87%，流量为98%，在画面中涂抹出人物鞋子，效果如图9-40所示。

40 新建"图层23"，单击"画笔工具" ✐，使用相同的方法涂抹出人物腿部，效果如图9-41所示。最终效果如图9-42所示。

图9-40 涂抹鞋子

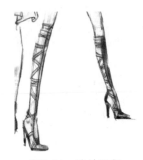

图9-41 涂抹腿部

图9-42 最终效果

9.2 | 情侣服装体系列

设计分析

 本实例主要运用"钢笔工具"绘制情侣服装的轮廓并填充颜色，制作出整体服装的褶皱，添加"粗糙蜡笔"、"龟裂缝"、"涂抹棒"滤镜，制作出帽子和\衣服的纹理效果。

原始素材文件：素材\9.2.jpg

视频教学文件：第9章\9.2.avi

最终效果文件：效果\9.2.psd

设计步骤

01 按Ctrl+N键，新建一个文件，弹出对话框并设置参数，如图9-43所示。

02 新建"图层1"，单击"钢笔工具" ✐，绘制路径，如图9-44所示。

图9-43 新建文件

图9-44 绘制路径

03 创建新图层组"组1",新建"图层2",设置前景色为黑色,单击"画笔工具" 🖌 ,设置画笔类型为扁角低刚毛3像素,流量为98%,单击路径面板底部的"用画笔描边路径"按钮 ⭕ ,如图9-45所示。

图9-45 描边路径

04 新建"图层3",设置前景色为214、193和158,按Ctrl+Enter键将路径作为选区载入,单击"油漆桶工具" 🖍 ,在选区内单击鼠标右键,填充前景色到选区内,效果如图9-46所示。

图9-46 填充前景色

05 在菜单栏中选择"滤镜"|"艺术效果"|"粗糙蜡笔"命令,在弹出的对话框中设置参数,如图9-47所示,效果如图9-48所示。

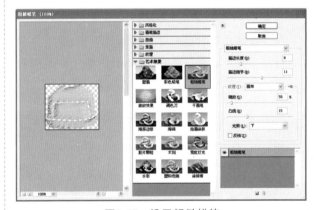

图9-47 设置粗糙蜡笔

图9-48 粗糙蜡笔效果

06 新建"图层4",设置前景色为213、135和59,按Ctrl+Enter键将路径作为选区载入,单击"油漆桶工具" 🖍 ,在选区内单击鼠标右键,填充前景色到选区内,效果如图9-49所示。

07 单击"钢笔工具" ✒ ,绘制路径,按Ctrl+Delete键将路径作为选区载入,如图9-50所示。

图9-49　填充前景色

图9-50　绘制路径

08　在菜单栏中选择"选择"|"修改"|"羽化"命令，在弹出的对话框中设置羽化值为1像素，设置前景色为白色，按Alt+Delete键填充前景色到选区内，效果如图9-51所示。

图9-51　填充前景色

09　新建"图层5"，设置前景色为227、224和82，按Ctrl+Enter键将路径作为选区载入，单击"油漆桶工具" 🪣，在选区内单击鼠标右键，填充前景色到选区内，效果如图9-52所示。

图9-52　填充前景色

10　新建"图层6"，设置前景色为6、13和45，按Ctrl+Enter键将路径作为选区载入，单击"油漆桶工具" 🪣，在选区内单击鼠标右键，填充前景色到选区内，效果如图9-53所示。

图9-53　填充前景色

11　在菜单栏中选择"选择"|"修改"|"羽化"命令，在弹出的对话框中设置羽化值为1像素，设置前景色为白色，按Alt+Delete键填充前景色到选区内，效果如图9-54所示。

图9-54　填充前景色

12　在菜单栏中选择"滤镜"|"纹理"|"颗粒"命令，在弹出的对话框中设置参数，如图9-55所示，效果如图9-56所示。

13　新建"图层7"，设置前景色为227、55和29，按Ctrl+Enter键将路径作为选区载入，单击"油漆桶工具" 🪣，在选区内单击鼠标右键，填充前景色到选区内，效果如图9-57所示。

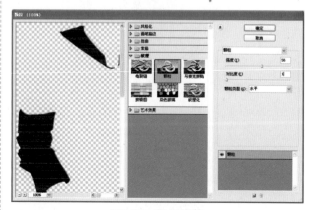

图9-55　设置颗粒

图9-56　颗粒效果

图9-57　填充前景色

14 在菜单栏中选择"滤镜"|"艺术效果"|"涂抹棒"命令，在弹出的对话框中设置参数，如图10-58所示，效果如图9-59所示。

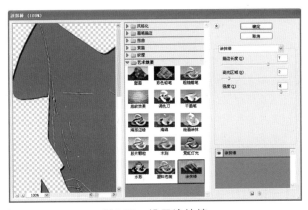

图9-58　设置涂抹棒

图9-59　涂抹棒效果

15 新建"图层8"，设置前景色为50、110和199，按Ctrl+Enter键将路径作为选区载入，单击"油漆桶工具"🪣，在选区内单击鼠标右键，填充前景色到选区内，效果如图9-60所示。

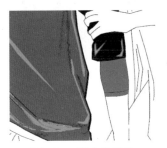

图9-60　填充前景色

16 单击"画笔工具"🖌，设置画笔类型为粉笔毛60像素，不透明度为75%，流量为98%，设置前景色为黑色，在画面中涂抹，如图9-61所示。

图9-61　画笔涂抹

17 在菜单栏中选择"滤镜"|"模糊"|"高斯模糊"命令，在弹出的对话框中设置参数，如图9-62所示，效果如图9-63所示。

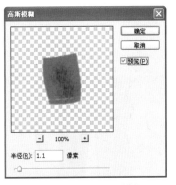

图9-62　设置高斯模糊

图9-63　高斯模糊效果

18 新建"图层9"、"图层10"、"图层11"，使用相同方法绘制人物胳膊和手腕上的装饰，效果如图9-64所示。

图9-64　填充前景色

19 新建"图层12"，设置前景色为15、35和106，按Ctrl+Enter键将路径作为选区载入，单击"油漆桶工具" ，在选区内单击鼠标右键，填充前景色到选区内，效果如图9-65所示。

图9-65　填充前景色

20 单击"钢笔工具" ，绘制路径，按Ctrl+Delete键将路径作为选区载入，填充前景色，如图9-66所示。

图9-66　填充前景色

21 在菜单栏中选择"滤镜"|"纹理"|"龟裂缝"命令，在弹出的对话框中设置参数，如图9-67所示。

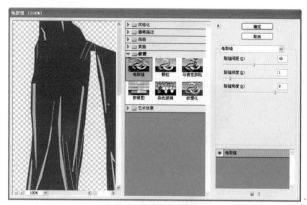

图9-67　设置龟裂缝

22 新建"图层13"，单击"画笔工具" ，在画面中绘制人物鞋子，效果如图9-68所示。

图9-68　龟裂缝效果

23 新建"图层14"，设置前景色为251、200和220，按Ctrl+Enter键将路径作为选区载入，单击"油漆桶工具" ，在选区内单击鼠标右键，填充前景色到选区内，效果如图9-69所示。

图9-69　填充前景色

24 在菜单栏中选择"滤镜"|"纹理"|"龟裂缝"命令，在弹出的对话框中设置参数，如图10-70所示，效果如图9-71所示。

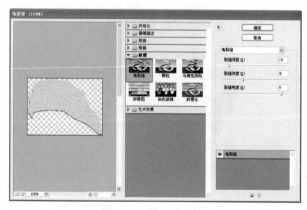

图9-70　设置龟裂缝

图9-71　龟裂缝效果

25 新建"图层15"，设置前景色为59、49和39，按Ctrl+Enter键将路径作为选区载入，单击"油漆桶工具" 🎨，在选区内单击鼠标右键，填充前景色到选区内，效果如图9-72所示。

图9-72　填充前景色

26 单击"钢笔工具" 🖊，绘制路径，按Ctrl+Delete键将路径作为选区载入，填充前景色，如图9-73所示。

图9-73　填充前景色

27 新建"图层16"，设置前景色为248、200和131，按Ctrl+Enter键将路径作为选区载入，单击"油漆桶工具" 🎨，在选区内单击鼠标右键，填充前景色到选区内，效果如图9-74所示。

28 新建"图层17"，单击"画笔工具" 🖌，在画面中绘制人物五官，再单击"加深工具" 👁 和"减淡工具" 🔍，进行加深减淡修饰，效果如图9-75所示。

图9-74　填充前景色

图9-75　绘制五官并修饰

29 新建"图层18"，设置前景色为222、56和31，按Ctrl+Enter键将路径作为选区载入，单击"油漆桶工具" 🎨，在选区内单击鼠标右键，填充前景色到选区内，效果如图9-76所示。

图9-76　填充前景色

30 单击"钢笔工具" 🖊，绘制路径，按Ctrl+Delete键将路径作为选区载入，填充前景色，如图9-77所示。

名流 Photoshop 服装设计表现技法完全剖析

图9-77 填充前景色

31 在菜单栏中选择"滤镜"|"艺术效果"|"涂抹棒"命令，在弹出的对话框中设置参数，如图10-78所示，效果如图9-79所示。

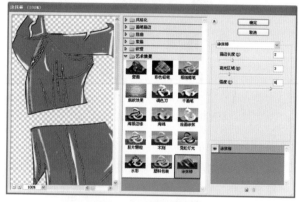

图9-78 设置涂抹棒

图9-79 涂抹棒效果

32 新建"图层19"，设置前景色为248、199和215，按Ctrl+Enter键将路径作为选区载入，单击"油漆桶工具"，在选区内单击鼠标右键，填充前景色到选区内，效果如图9-80所示。

图9-80 填充前景色

33 新建"图层20"，设置前景色为250、203和140，按Ctrl+Enter键将路径作为选区载入，单击"油漆桶工具"，在选区内单击鼠标右键，填充前景色到选区内，效果如图9-81所示。

图9-81 填充前景色

34 单击"钢笔工具"，绘制路径，按Ctrl+Delete键将路径作为选区载入，填充前景色，如图9-82所示。

图9-82 填充前景色

35 新建"图层21"，设置前景色为250、201和220，按Ctrl+Enter键将路径作为选区载入，单击"油漆桶工具"，在选区内单击鼠标右键，填充前景色到选区内，效果如图9-83所示。

图9-83 填充前景色

36 单击"钢笔工具" ，绘制路径，按Ctrl+Delete 键将路径作为选区载入，填充前景色，如图9-84 所示。

图9-84　填充前景色

37 打开随书光盘素材文件夹中名为9.2.jpg的素材图 像，将此图像拖曳至文件中，得到最终效果如 图9-85所示。

图9-85　最终效果

9.3 | 野性动感服装系列

设计分析

本实例主要运用"钢笔工具"绘制野性动 感的大体轮廓，结合"画笔工具"涂抹衣 服整体颜色，结合使用"加深工具"和 "减淡工具"绘制出高光和阴影，再添加 滤镜效果体现出裙子的面料质感。

原始素材文件：素材\9.3.jpg
视频教学文件：第9章\9.3.avi
最终效果文件：效果\9.3.psd

设计步骤

01 按Ctrl+N键，新建一个文件，弹出对话框并设置 参数，如图9-86所示。

图9-86　新建文件

02 新建"图层1"，单击"钢笔工具" ，绘制路 径，如图9-87所示。

03 创建新图层组"组1"，新建"图层2"，设置 前景色为黑色，单击"画笔工具" ，设置画 笔类型为硬边机械1像素，流量为98%，单击路 径面板底部的"用画笔描边路径"按钮 ， 如图9-88所示。

04 新建"图层3"，设置前景色为246、239和 97，单击"画笔工具" ，设置画笔类型为飞 溅59像素，流量为98%，在画面中涂抹出人物 头发，效果如图9-89所示。

名流 **Photoshop** 服装设计表现技法完全剖析

图9-87 绘制路径

图9-88 描边路径

图9-89 画笔涂抹

05 新建"图层4",设置前景色为255、166和1,单击"画笔工具"，设置画笔类型为大油彩蜡笔63像素,流量为98%,在画面中涂抹,效果如图9-90所示。

图9-90 画笔涂抹

06 单击"涂抹工具"，设置画笔类型为粉笔44像素,在画面中涂抹人物头发,效果如图9-91所示。

图9-91 涂抹修饰

07 新建"图层5",设置前景色为137、62和45,单击"画笔工具"，设置画笔类型为飞溅59像素,流量为98%,在画面中涂抹,效果如图9-92所示。

图9-92 画笔涂抹

08 单击"涂抹工具"，设置画笔类型为粉笔44像素,在画面中涂抹人物头发,效果如图9-93所示。

图9-93 涂抹修饰

09 单击"钢笔工具" ✍，绘制路径，如图9-94所示。

图9-94 绘制路径

10 单击"画笔工具" ✎，设置画笔类型为硬边机械1像素，流量为98%，单击路径面板底部的"用画笔描边路径"按钮 ⬭，如图9-95所示。

图9-95 描边路径

11 单击"减淡工具" ✎，设置画笔类型为飞溅46像素，范围为高光，曝光度为59%，在画面中进行减淡修饰，效果如图9-96所示。

图9-96 减淡修饰

12 单击"加深工具" ✎，设置画笔类型为粉笔44像素，范围为中间调，曝光度为50%，在画面中进行加深修饰，效果如图9-97所示。

图9-97 加深修饰

13 新建"图层6"，设置前景色为240、199和63，按Ctrl+Enter键将路径作为选区载入，单击"油漆桶工具" ✎，在选区内单击鼠标右键，填充前景色到选区内，效果如图9-98所示。

图9-98 填充前景色

14 单击"减淡工具" ✎，设置画笔类型为飞溅46像素，范围为高光，曝光度为59%，在画面中进行减淡修饰，效果如图9-99所示。

图9-99 减淡修饰

15 单击"加深工具" ✎，设置画笔类型为粉笔44像素，范围为中间调，曝光度为50%，在画面中进行加深修饰，效果如图9-100所示。

图9-100 加深修饰

16 新建"图层7"，单击"画笔工具" ✎，在画面中绘制人物五官，再单击"加深工具" ✎和"减淡工具" ✎，进行加深减淡修饰，效果如图9-101所示。

图9-101 绘制五官并修饰

17 新建"图层8",设置前景色为145、197和240,单击"画笔工具" ✐,设置画笔类型为大油彩蜡笔121像素,不透明度为76%,流量为98%,在画面中涂抹出人物衣服,效果如图9-102所示。

图9-102 画笔涂抹

18 新建"图层9",设置前景色为58、101和183,单击"画笔工具" ✐,设置画笔类型为大油彩蜡笔121像素,不透明度为76%,流量为98%,在画面中涂抹出人物衣服,效果如图9-103所示。

图9-103 画笔涂抹

19 在菜单栏中选择"滤镜"|"艺术效果"|"底纹效果"命令,在弹出的对话框中设置参数,如图10-104所示,效果如图9-105所示。

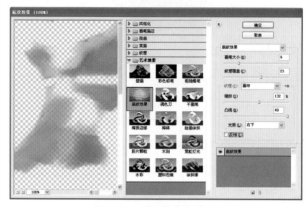

图9-104 设置底纹效果

图9-105 底纹效果

20 新建"图层10",设置前景色为178、98和28,单击"画笔工具" ✐,设置画笔类型为飞溅59像素,流量为98%,在画面中涂抹出衣服带子,效果如图9-106所示。

图9-106 绘制衣服带子

21 单击"加深工具" ，设置画笔类型为粉笔44
像素，范围为中间调，曝光度为50%，对衣服带
子进行加深修饰，效果如图9-107所示。

图9-107　加深修饰

22 新建"图层10"，单击"画笔工具" ，在画
面中涂抹出人物胳膊，再单击"加深工具"
和"减淡工具" 进行加深减淡修饰，效果如
图10-108所示。

图9-108　绘制胳膊并修饰

23 新建"图层11"，设置前景色为229、202和
117，单击"画笔工具" ，在画面中涂抹出人
物腰带，效果如图9-109所示。

图9-109　绘制腰带

24 单击"加深工具" ，设置画笔类型为粉笔44
像素，范围为中间调，曝光度为50%，对腰带进
行加深修饰，效果如图9-110所示。

图9-110　加深修饰

25 在菜单栏中选择"滤镜"|"艺术效果"|"粗糙
蜡笔"命令，在弹出的对话框中设置参数，如
图9-111所示，效果如图9-112所示。

图9-111　设置粗糙蜡笔

图9-112　粗糙蜡笔效果

26 新建"图层12"，单击"钢笔工具" ，绘制
路径，按Ctrl+Enter键将路径作为选区载入，如
图9-113所示。

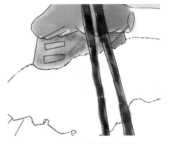

图9-113　绘制路径

27 单击"渐变工具" ，在弹出的渐变编辑器中
设置渐变颜色，如图9-114所示。

28 在菜单栏中选择"滤镜"|"画笔描边"|"喷色
描边"命令，在弹出的对话框中设置参数，如
图9-115所示，效果如图9-116所示。

图9-114　设置渐变样式

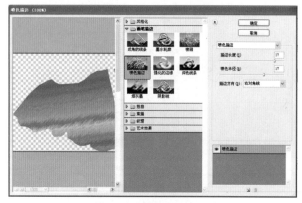

图9-115　设置喷色描边

图9-116　喷色描边效果

29 在菜单栏中选择"滤镜"|"杂色"|"添加杂色"命令，在弹出的对话框中设置参数，如图9-117所示。

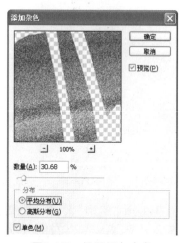

图9-117　设置添加杂色

30 在菜单栏中选择"滤镜"|"模糊"|"高斯模糊"命令，在弹出的对话框中设置参数，如图9-118所示，效果如图9-119所示。

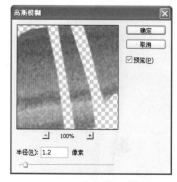

图9-118　设置高斯模糊

图9-119　高斯模糊效果

31 单击"涂抹工具"，设置画笔类型为粉笔44像素，在画面中涂抹人物裙子，效果如图9-120所示。

图9-120　涂抹修饰

32 新建"图层13"，绘制路径，单击"渐变工具"，在弹出的渐变编辑器中设置渐变颜色，在菜单栏中选择"滤镜"|"杂色"|"添加杂色"命令，在弹出的对话框中设置参数。在菜单栏中选择"滤镜"|"模糊"|"高斯模糊"命令，在弹出的对话框中设置参数，单击"涂抹工具"，在画面中涂抹人物裙子，效果如图9-121所示。

图9-121　绘制裙子

33 新建"图层14"，绘制路径，单击"渐变工具" 🔲 ，在弹出的渐变编辑器中设置渐变颜色，使用相同方法绘制出人物裙子，效果如图9-122所示。

图9-122　绘制裙子

34 新建"图层15"，绘制路径，使用相同方法绘制出人物裙子，效果如图9-123所示。

图9-123　绘制裙子

35 单击"加深工具" ⚫ ，设置画笔类型为柔边机械48像素，范围为高光，曝光度为35%，对裙子进行加深修饰，效果如图9-124所示。

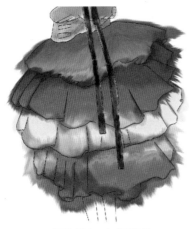

图9-124　加深修饰

36 新建"图层16"，设置前景色为244、250和189，单击"画笔工具" ✎ ，设置画笔类型为飞溅59像素，流量为98%，在画面中涂抹出人物腿部和脚，效果如图9-125所示。

图9-125　绘制腿部和脚

37 单击"加深工具" ⚫ ，设置画笔类型为柔边机械48像素，范围为高光，曝光度为35%，对腿部和脚进行加深修饰，效果如图9-126所示。

图9-126　加深修饰

38 新建"图层17"，设置前景色为225、67和41，单击"画笔工具" ✎ ，设置画笔类型为飞溅59像素，流量为98%，在画面中涂抹出人物鞋子，效果如图9-127所示。

图9-127　绘制鞋子

39 单击"涂抹工具" ✎ ，设置画笔类型为大油彩蜡笔63像素，强度为42%，在画面中涂抹人物鞋子，效果如图9-128所示。

图9-128　涂抹修饰

40 新建"图层18"，设置前景色为225、67和41，单击"画笔工具" ✎，在画面中涂抹，单击"涂抹工具" ✎，在画面中涂抹修饰，修饰后的效果如图9-129所示。

图9-129　绘制并修饰

41 打开随书光盘素材文件夹中名为9.3.jpg的素材图像，将此图像拖曳至文件中，得到最终效果如图9-130所示。

图9-130　最终效果